【上海市非物质文化遗产系列图录】

書畫

癸卯六月 越潭居士俞存荣书

俞存荣 俞灵麟◎著

上海市非物质文化遗产保护协会◎编
高春明◎主编

上海辞书出版社

序

有件事特别奇怪：我们国家取得的发明创造和文化成就，往往不是由我们自己来认定，而须经外国专家、权威来认定才能算数。事实上，他们对我们国家的了解往往处于一知半解的状态，有些还很片面，甚至是错误的。可因为他们是外国权威，即便是片面、错误的结论，也常常被国人奉为圭臬，大行天下。

一个典型的例子是“丝绸之路”的提出。这个术语是德国地理学家李希霍芬定义的。1868至1872年，他对中国作了几次旅行，于1877年开始写一部名为《中国》的书，在书中首次把“丝绸之路”的概念定义为古代中国连接亚洲、非洲和欧洲的商业贸易路线。按他的观察和考证，这条通道主要是用来运输丝绸的，故名“丝绸之路”。其实这个提法是不正确也不全面的，自西汉张骞和东汉班超开通这条通道以来，中国运往西方的不仅有丝，还有茶叶、陶瓷、漆器等，中原地区的金属铸造、凿井技术也被引入西域；与此同时，外国商队也顺着这条通道从西方引入珍稀动物、植物，运来各种药材、香料和珠宝。这是一条物流承载内容宽泛的商贸之路，也是中国联结地中海各国的经济纽带，将这样一条特殊的通道命名为“丝绸之路”是很狭隘的。事实上李希霍芬本人也意识到了自己的偏颇，他的《中国》一书共有五卷，“丝绸之路”只是在第一卷中被提及，后面几卷都被“通道”“道路”“主干道”“贸易路线”等说法替代。可是现在国内的教科书、工具书在讲到这条通道时还是习惯性地沿用着“丝绸之路”这个名称。更令人啼笑皆非的是大部分教材还以讹传讹，添油加醋，说“成群结队的骆驼，驮着大批精美的中国丝绸，运往世界各地”。殊不知在汉代，中国虽然有了丝，但还没有出现“丝绸”。作为高级丝织物的一个品种，绸的出现是唐代以后的事情。两汉魏晋时期的文献如《说文》《释名》《急就篇》《古今注》等几乎囊括了当时所有织物名称，但都未提到“绸”，只有一个和“绸”字读音相同的“紬”

字，专指粗丝乱绪纺织成的劣质平纹织物。可见老外当年信口提出的概念，影响了我们几代人的认知。

另一个例子是“四大发明”。中国的“四大发明”最早是由英国人提出来的。1838年，英国传教士麦都思在他的著作《中国的现状与传教展望》中提到了中国的三大发明：印刷术、指南针和火药，不包括造纸术。二十年后，曾协助麦都思在中国布教的另一位英国传教士艾约瑟在他的《中国的宗教》一书中作了补充：中国人值得夸耀的非凡发明与发现为印刷术、造纸术、指南针和火药。这就是所谓“四大发明”的最早出处。

其实谁第一次提出“四大发明”并不是今天我们要深究的问题。我们关注的重点是：“四大发明”的提法究竟是否概括得全面、准确、典型？答案是否定的。纵观华夏五千年文明史，我们的先人取得了多少举世无双的伟大成就，为世界提供了多少灿烂辉煌的发明创造？这绝不是所谓“四大发明”所能概括的。随便盘点一下——制茶、酿酒、髹漆、琢玉、陶瓷烧制、养蚕缫丝、榫卯结构、水利灌溉、水稻栽培、家畜驯化、中医针灸、经脉学说、阴阳合历、小孔成像、珠算算筹、勾股容圆、天象记录、二十四节气、线性方程组及解法以及青铜弩机、地动仪、火箭技术、人痘接种等——哪一项不是顶天立地的伟大发明？

一百多年前的外国学者、传教士以他们对中国的有限认知，从当时的传教、航海、殖民地扩张等视角出发，将中国的历史贡献归纳为“四大发明”，简直是片面至极，而国人不明就里，数典忘祖，追随其说而津津乐道、沾沾自喜，真是一件匪夷所思的事情。

不过即便外国人总结的“四大发明”挂一漏万，造纸术在其中仍占有一席之地，可见世人对这一技艺的重视。当然，也有人根据埃及博物馆保存的五千年前的纸莎草来否定造纸术是中国的发明，那完全是一种误解。纸莎草是一种莎草科植物，具有粗壮的根茎，其根茎表皮被割下碾平后纤维会黏成一体，这种天然材料常常被古埃及人用来编织篮子、草席、草鞋和漏勺等日用品，当然也可在其表面书写或画画。这和中国纸前时代用竹简木牍书写记事是一个道理，不能和纸浆造纸同日而语。

中国人对文字记载和书写材料的探索，经历了漫长的发展过程。殷商时期的人们，已经在龟腹甲片、牛肩胛骨上刻写占卜文字，称“卜辞”。商周时青铜器上也出现为王公贵族歌功颂德的长篇铭文，那是刻于陶范后浇铸成型的，称“金文”。商代的甲骨文中，常出现几竖并列、中间有横线串联的字符，正像两根带子缚了一排竹木简，那就是“册”字的前身。和“册”字相关联的古文字还有“典”字，像人以双手捧册、将其毕恭毕敬放在几案上之状。可见竹简木牍在商代已经被广泛采用。《尚书·多士》：“惟殷先人，有册有典。”这证明当时人们已经普遍用竹木简做成书籍。古时形容一个人读书多，知识渊博，往往称其为“学富五车”，那可不是溢美之词，估计一本大部头的简册，确实可以装满几车。

大约到了春秋战国之际，中国出现了写在丝织品上的文字，称帛书。帛是本色丝织物，汉代将丝织品统称为帛或缯，合称缯帛，故帛书亦称缯书。《国语·越语》：“越王以册书帛。”汉代古籍上也出现“帛书”一词，如《汉书·苏武传》：“言天子射上林中，得雁，足有系帛书。”现存最早的完整帛书1942年发现于湖南长沙子弹库楚墓，那是战国时代的遗物，发现不久就流失海外。整个帛书共900多字，内容极为丰富，包括四时、天象、月忌、创世神话等，对研究楚文字以及当时的思想文化有重要价值。帛书比竹木简轻便，且易于书写。不过丝织物珍稀昂贵，所以帛书不及竹木简普及。

东汉时期出现了真正意义上的纸。史籍记载将其归功于当时掌管御用器物制造的尚方令蔡伦，这种纸因此被尊称为“蔡侯纸”。《后汉书·蔡伦传》云：“蔡伦，字敬仲，桂阳人也……永元九年，监作秘剑及诸器械，莫不精工坚密，为后世法。自古书契多编以竹简，其用缣帛者谓之为纸。缣贵而简重，并不便于人。伦乃造意，用树肤、麻头及敝布、鱼网以为纸。元兴元年，奏上之。帝善其能，自是莫不从用焉，故天下咸称‘蔡侯纸’。”《东观汉记·蔡伦传》中也有类似的记载。综合史籍记载，蔡伦监掌的造纸工艺可以归纳为剉、沤、煮、捣、抄五大步骤。“剉”就是将树皮、破麻布、旧渔网等纤维剪断切碎。“沤”是用发酵方法脱去原料中的果胶、木素等非纤维素物质。“煮”是在原料中添加部分药物加热蒸煮，促使其快速转化。“捣”是把浸泡蒸煮过的原料放入石臼中舂捣搅拌使之成为纸浆。“抄”是将舂捣后悬浮于水中的纸浆纤维用一种特殊的工具抄纸帘过滤形成湿纸层，再将其晾在墙上，干燥后即成纸张。这种古法造纸术一直沿用至今，2006年被列入我国首批国家级非物质文化遗产名录；2009年被联合国教科文组织列入人类非物质文化遗产代表作名录，成为世界级非物质文化遗产。

造纸术发明之后，仍在不断发展进步。两晋南北朝在原有的树皮、麻纤维基础上，又开发出藤皮、竹、草等材质，当时浙江剡溪出产的藤皮纸驰名天下。其时染黄技术亦已相当流行，用黄檗染过的纸不仅更加坚固，而且能防虫蛀。这个时期纸的新品种也不断出现，比较著名的有竹纸、桑根纸、侧理纸、蚕茧纸、藤角纸、凝霜纸等。相传王羲之的《兰亭序》便是书写于蚕茧纸上。晋代还掌握了纸面处理技术，如涂布、砑平等。到了唐代，造纸术迎来了自身的辉煌期，纸的用途从书写扩展到绘画、拓印、摹榻、裱褙和印刷等，吸水的粉笺和防水的蜡笺也应运而生。根据不同的用途，纸被分为生纸和熟纸；笺纸也大行其道，出现了彩笺、花笺、金花笺、水纹笺、鱼子笺、七香笺等。唐代女诗人、书法家薛涛还发明了一种特殊笺纸，以“芙蓉皮为料煮糜，入芙蓉花末汁”而成，不仅色美，而且芳香扑鼻，人称“薛涛笺”。宋代造纸技术进入高峰期，由于皇帝的推崇及翰林院的推波助澜，朝野对书画的鉴赏描榻之风盛行，出现了蔡襄、米芾、苏轼、黄庭坚等一大批书画名家。唐代盛行的绢本书画开始逐渐被纸本替代；碧纸、鸦青纸、澄心堂纸、金粟山藏经纸等名贵书画用纸名扬四海。民间纸制品也层出不穷，如纸伞、纸扇、纸帐、纸灯、纸瓦以及裱糊窗格的窗纸等。具有划时代意义的纸钞在宋代得到了广泛的运用，至元代更是作为主要货币取代了铜钱的流通，给以后全世界商业贸易带来极大的便利。明清时期造纸业仍得到高速发展，明宣德皇帝从全国征调能工巧匠入官纸局，精心研制各种名贵宫笺，时称“宣德宫笺”，其中的“宣德羊脑笺”“宣德素馨笺”“宣德细密洒金笺”等都是珍贵难得的宫廷用纸。清代康乾盛世一百多年，科举制度兴盛，文化教育昌明，图书出版繁荣，刺激了造纸业的发展。清代纸业发达的一个标志是被誉为“纸寿千年”的宣纸的生产达到巅峰，品种达一百多种，其中名品有棉连、扎花、罗纹、龟纹、蝉翼、玉版、云母、虎皮、槟榔、珊瑚等。传统的澄心堂纸、金粟山藏经纸在清代也得到发扬光大，乾隆皇帝还亲自作诗给予评价。

除了国内市场，中国的名贵纸笺及造纸技艺也被传播到世界各地。从公元三世纪开始，造纸术分三路输出：一路东传日本、朝鲜；一路南传印度及东南亚地区；一路即沿着上述所谓的“丝绸之路”西传中亚、西亚、北非、欧洲、美洲及大洋洲。在此基础上，日本发展出和纸，朝鲜发展出高丽纸，西方国家则将造纸工序机械化，发明了造纸机，通过工业化方式大规模生产生活用纸。鸦片战争后，中国沦为半封建半殖民地社会，西方列强对中国实行全面侵略，洋纸乘虚而入，充斥中国市场，国货日益衰败，具有辉煌历史的传统手工纸业一蹶不振，陷入困境。

本人长期从事服饰文化史及文化遗产研究，参与相关田野考古工作，积年累月，有五十多部著作问世，其中不少被印制成精美的画册，而在和出版社的交往中，每每为了寻找到品质优良的纸张而煞费苦心。记得十余年前，我编撰的一部书稿《锦绣文章》被出版社定为重点图书，得到了国家出版资金的资助。整部书稿收录了我几十年间从世界各地收集的中国纺织、刺绣文物图照两千余幅。为了印制好这批弥足珍贵的图像，出版社不惜工本，从全国调来上好的纸张，无奈都达不到要求。该书装帧设计师袁银昌先生要求纸质必须密致，纸基太松会导致吸墨，印出的丝织品图像缺乏光泽。但涂布又不能过厚，过厚容易出现反光，无法表现古代纺织品如绫罗纱绉的疏松机理。更为严苛的是书籍开本较大，为大8开，页数达700多页，总厚度超过10厘米，因此对纸张重量的控制也有特殊要求，否则不便于阅读使用。几经周折，在全国没有找到合适的纸张。于是出版社将眼光投向全球，在全世界范围寻寻觅觅，花费了近半年时光，成卷成捆的洋纸从世界各地汇集到印刷厂，经过反复试印比对，最后选中了欧洲一家造纸厂的产品。这部画册出版之后，得到了空前的赞赏和荣誉，曾获"出版政府奖""国家图书奖""上海图书奖特等奖""亚洲印刷大奖赛金奖"，还被评为"中国最美的书"。2006年4月21日，时任国家主席胡锦涛访美，郑重地将这部画册作为国礼赠送给美国耶鲁大学校长。作为这部书的作者，我在收获荣誉之时，心情却格外沉重。一个中国学者的专著，在一个造纸业曾经辉煌至极的国度，却找不到一张合适的纸来印刷，这真是中国造纸业的悲哀，也是中国文化的悲哀！

书画用纸也风光不再。我从6岁开始跟随沪上名家习工笔画，掐指算来已有一个甲子，在书画领域虽无特别成就，但也小有收获，我的工笔画不仅被国内外博物馆、美术馆收藏，还被中国邮政和香港邮政印制成邮票。在长期的绘画实践中，常常为选择一张合适的纸而四处奔波。三十年前在敦煌莫高窟临摹壁画，第一次接触到高丽纸，那是采用中国传统造纸技艺而衍生出来的书画用纸，以棉、茧、楮树皮等为主要原料，纤维较长，颜色略黄，纸质厚实平滑，韧如皮革，表面毛茨四起，比国产宣纸更适合表现壁画的肌理，在物资稀缺的年代，一时间被炒成天价。上世纪八十年代初，我受香港商务印书馆之约，编撰《中国服饰五千年》一书，书稿中一百多幅古代服装展示图全部手绘完成，画幅为四开大小，一幅画少则十天半月，多者耗时半年，对纸的要求特别高，最后采用的还是日本和纸。几十年过去，现在打开画卷，底色还是洁白如初，没有任何斑点霉痕，不得不佩服日本工匠对抄纸时加入的纸药——植物黏液控制得当，技术水平高超。

舞文弄墨几十年，对国产纸业早已心灰意冷。一个偶然的机会，让我有幸结识了俞存荣先生，由此激发起我对传统造纸技艺重振雄风、复原光大的期望和信心。

2016年，我在上海市非物质文化遗产保护中心主持全市的非遗保护管理工作，经朋友介绍，说上海有一位造纸工匠，带着两个助手，在自己的工坊里成功复原出古代宫廷蜡笺，希望我能抽出时间去看看。也许是我对传统造纸已心存偏见，延宕了半年才登门造访，没想到一踏进俞大师工作室之门，立即感到满壁生辉，目不暇接。墙上挂满了名家字画，程十发、陈佩秋、高式熊、童衍方、周慧珺、韩天衡……每一位都是举足轻重的魁首翘楚。一个共同的特点是，这些字画采用的都是俞大师制作的蜡笺。难怪周慧珺有感而发，信笔题联："锦上添花九龙笺，纸醉金迷第一人！"

交谈中俞大师捧出一摞摞五彩斑斓的仿古蜡笺，让助手一一展开，古朴凝重之感扑面而来。俞大师在旁如数家珍：这是大燃红描金云龙蜡笺，这是洛神珠雪花金蜡笺，这是美人祭鱼籽金蜡笺……令人由衷折服的是，俞大师每介绍一种笺纸，都会起身从柜子里取出一两件古董文玩，证明蜡笺上的所有颜色都有出处，无不取自传世文物，如天青取自宋徽宗朝的汝窑梅瓶，扁青取自南宋龙泉青瓷六角净瓶，石绿取自明成化朝不倒翁杯，珊瑚红取自清雍正朝盖碗。临别时俞大师赠我一沓蜡笺纸样，让我试笔感受，回来后迫不及待地展开，笔墨所到之处，平滑流畅，收放自如，润墨性、渗透性、吸附性俱佳，大有相见恨晚之感，一代文化人多年的纠结遗憾终于得到了慰藉！

2017年，上海市人民政府公布，俞存荣申报的蜡笺制作技艺被列入上海市非物质文化遗产代表性名录。

接下来的一切都顺理成章：2018年，在澳门举行的人类非物质文化遗产暨古代艺术国际博览会上，俞存荣的九龙描金八尺蜡笺拔得头筹，荣获金奖。2019年，俞存荣被评为上海市非物质文化遗产代表性传承人。同年，俞存荣的六龙云纹蜡笺入选第三届上海国际进口博览会，并为上海档案馆永久收藏。2021年，在国家文旅部和上海市人民政府联合举办的"百年百艺·薪火相传——中国传统工艺邀请展”上，俞存荣的蜡笺贡扇再度引起中外嘉宾的关注，央视等主流媒体作了重点报导。2022年，俞存荣的蜡笺经过激烈角逐，被上海市文旅局和商联会列为“上海礼物”。

如今，俞存荣先生在爱女俞灵麟的配合下，潜心著述，寻踪觅影，追本溯源，将中国书画用纸的来龙去脉一一敷陈，举凡历史渊源、传承谱系、代际关系、核心技艺、材料加工、制作流程以及创新发展无不涉及，相信读者读完此书，对传统蜡笺这一古老技艺的前世今生一定会有清晰完整的认识，如果有幸得到俞大师手作的蜡笺实物，信笔感悟，将会有更多的心领神会。

祝福俞存荣先生和他的传人继往开来，迭创佳绩；祈望我们国家对这门技艺加强保护，使其永不失传；启盼这一古老的工艺永葆青春，生生不息！

谨序于上海市非物质文化遗产保护协会

二〇二三年一月十七日

目录

第一章

中国书画纸发展史略

圣人之道，天下之务，充格上下，绵亘古今；究之无倪，酌之不竭，是以君子「学，然后知不足也。」

——【宋】苏易简《文房四谱·序》

造纸术是中国的四大发明之一。它以廉价的植物纤维为原料，通过沤、煮、剉、捣、抄等一系列的技术工艺，制造出纤维薄片，这个基本原理一直沿用到今天，也被世界公认。蔡伦造纸之后，技术不断发展，随着使用范围和市场需求的扩大，又出现了各种加工纸，如洒金笺、泥金笺、粉笺、蜡笺等。其中，蜡笺纸质地细润，色泽艳丽，书写光滑顺畅，多用于古代宫廷诏书、重要经籍等。笔者有幸传承海派蜡笺技艺，融合古法宫廷加工纸工艺与海派文化，相得益彰、精益求精。本章阐述中国书画纸的发展，我们从中国传统的手工纸说起。

一 | 中国手工纸综论

中国最常见的手工纸是宣纸和棉纸。

宣纸

一般用青檀皮及稻草为原料。稻草的比例愈高，纸张的吸水性愈强，也愈柔软，对书画表现的影响愈大。

棉纸

以构树皮（即楮皮）为主要原料，再加入木浆和其他种类的植物纤维混合抄制而成。“棉纸”之名，很容易让人误以为是棉花纤维所制，事实上棉纸与棉花并无关系，只是因其洁白柔软、且撕开像棉丝而得名。棉纸也不像棉花那样有较强的吸水性，事实上比较接近“皮纸”，韧性强、吸水性较弱。

其他手工纸依照材料与制造工艺的不同，可分为以下几类。

竹纸

包括毛边纸、玉扣纸、元书纸等，是以竹为原料制成的纸，适合作为初学者之书画练习纸。

皮纸

包括桑皮纸、雁皮纸、楮皮纸等，是以某一种树皮为原料制成的纸。树皮类的纸吸水性弱，韧性强。

麻纸

麻为最早用于造纸之材料。虽然麻是上佳的造纸原料，但因取得不

造纸工艺

斩竹漂塘 → 煮楻足火 → 春臼 → 荡料入帘 → 覆帘压纸 → 透火焙干

易，除了少数特殊纸，麻纸较不常见。

藤纸

藤纸最早出现于晋代，唐代曾被大量使用，宋代以后因野生藤资源枯竭，而被竹纸取代。

加工纸

在手工纸上再施以各种加工方法而制成的纸，种类极为繁复。蜡笺即是其中的一种。蜡笺制作技艺是一种加工技术，使书画纸由生纸变为熟纸。

北魏学者贾思勰在《齐民要术》中称，造纸技术乃属“益国利民，不朽之术也”。《东观汉记·蔡伦传》中记载：“黄门蔡伦，字敬仲，典作上方，造意用树皮及敝布、鱼网作纸，奏上，帝善其能，自是莫不用，天下咸称蔡侯纸也。”蔡伦作为造纸术发明家，功在千秋，当时及后世的史书为其立传，并受到历朝历代人民的称赞。自蔡伦造纸术问世至东汉灵帝中平元年黄巾起义爆发的八十多年间，造纸术在华北、①山东、四川等地传播发展较快。纸的质量在左伯等人改进造纸方法之后也有了很大的提高。左伯，东汉末年书法家，东莱（治今山东莱州）人，曾经造出当时认为最好的纸，人称“左伯纸”。宋人苏易简《文房四谱》卷四《纸谱》记载：“汉末左伯，字子邑，又能为纸。故萧子良《答王僧虔书》云：‘子邑之纸，研妙辉光，仲将之墨，一点如漆……’”

根据史籍记载，有相当一段时期，蔡伦的造纸术并未迅速推广，植物纤维纸到四五世纪以后才被广泛应用。两晋南北朝才是造纸术真正开始普及的时代，经济、文化和宗教的兴盛，促进了造纸技术的提高和发展，著述之风日盛，著作的范围和数量远超过往，在书法、绘画艺术上也出现了王羲之、王献之、顾恺之等大家。这与纸的大量生产和普遍应

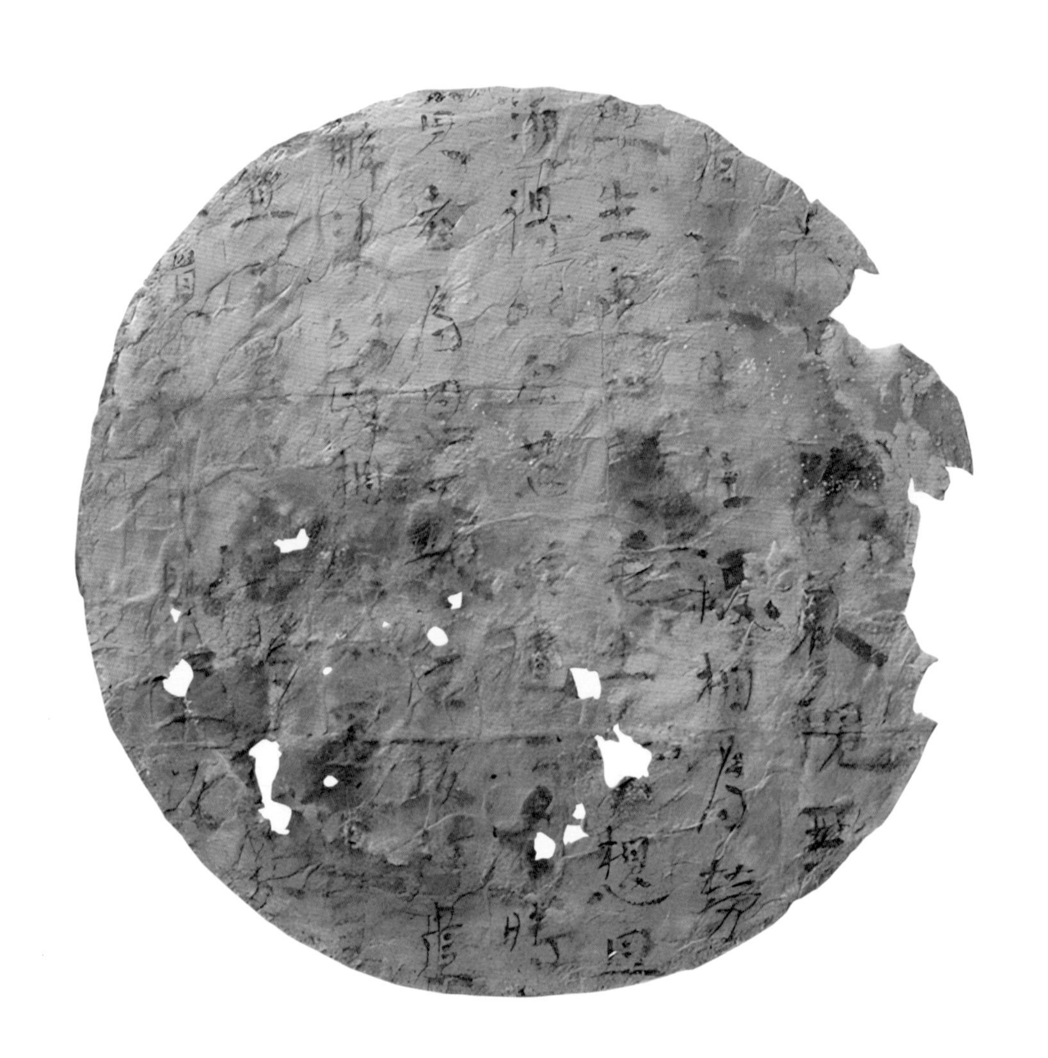

兰州伏龙坪出土的东汉纸

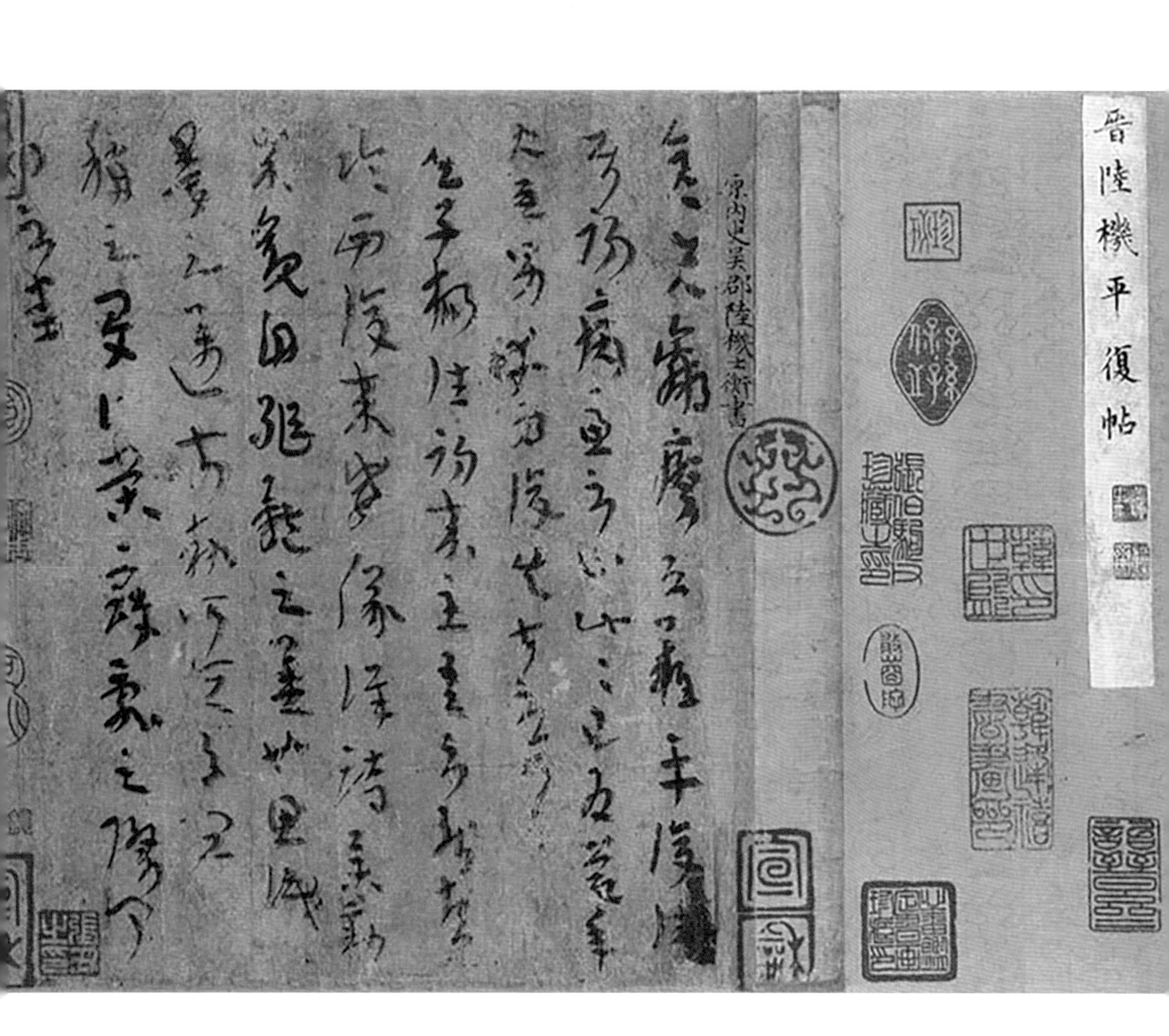

西晋陆机《平复帖》

用是相辅相成的。由于社会需求扩大、官方的重视，造纸技术不断创新，迅速发展，漂白、施胶、涂布、染纸技术突飞猛进，造纸领域人才辈出。

隋唐始开科举取士，民间读书之风兴起，纸张更为普及。特别是唐代，出现了品种繁多的手工纸，闻名后世。明《清秘藏》记载：“唐有短白帘硬黄纸、粉蜡纸、布纸、藤角纸、麻纸、桑皮纸、桑根纸、鸡林纸、苔纸、建中女儿青纸、卵纸。”纸的产量之大、品种之多满足了当时文化繁荣的需求，博得文人志士的传颂。

自五代十国至辽宋夏金，日常生活用纸的需求大增。群雄并起之时，许多政权都重视文治，造纸业、印刷业均快速发展。特别是两宋，

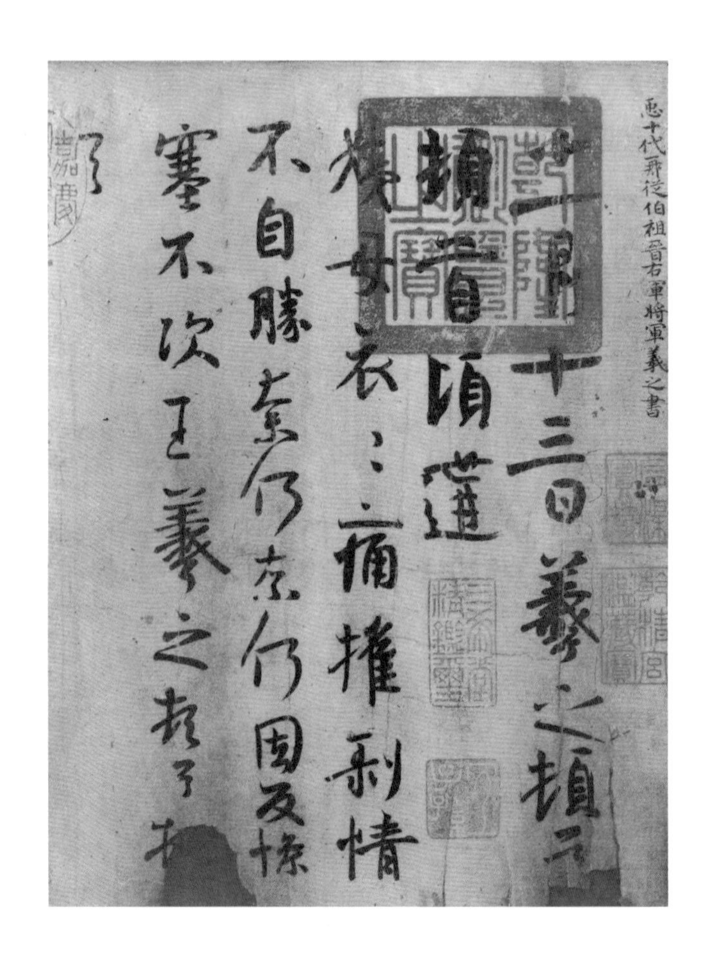

硬黄纸本《万岁通天帖》

澄心堂紙一幅闊狹厚薄
堅實皆類此乃佳工者不
願為又恐不能為之試與
厚直莫得之見其楮細似
可作也便人只求百幅癸卯重
陽日襄書

北宋蔡襄《澄心堂纸帖》

元代明仁殿纸

国家治理上重文轻武，朝野皆热衷于文艺，并设有御用绘画机构“翰林图画院”，推动书画艺术的繁荣和发展，造就了名家辈出的时代，如蔡襄、苏轼、黄庭坚、米芾合称“宋四家”，成就斐然，名震后世。书画与印刷用纸是宋代促进造纸业发展的主流，由于技术的精进，竹纸的产量与质量得到迅速提升，改变了之前以皮纸、麻纸为主要印刷用纸的状况。印刷术的发达使得官刻、私刻及坊刻都十分兴盛，刻书数量远超前代。刻本用纸虽然没有书法、绘画用纸要求那样高，但也非一般纸皆可充用。其表面应尽可能平滑，质地坚实，又不能太厚，易受墨，不易蛀蚀，但成本又不能过高。明陈继儒《太平清话》说：“宋纸于明处望之，无帘痕。”所指的应该就是蜡笺、粉笺等手工纸。这类纸如果保存条件好，是不会蛀蚀的。另外，稻麦杆等草本原料也被用于造纸，并迅速得以普及，更使纸的产量大增。造纸技术的发展成为了塑造宋代文明的重要物质条件之一。

元代的九十多年间，造纸技术和产量并没有多大提升，但是在社会需求、原料资源、生产技术、运输条件等方面比以往更有利。安徽、浙江、江西等地为纸的主要产地，四川笺纸也恢复生产，同时，许多小作坊开始逐步兴起。纸本画取代了绢本画而成为绘画的主流。明仁殿纸

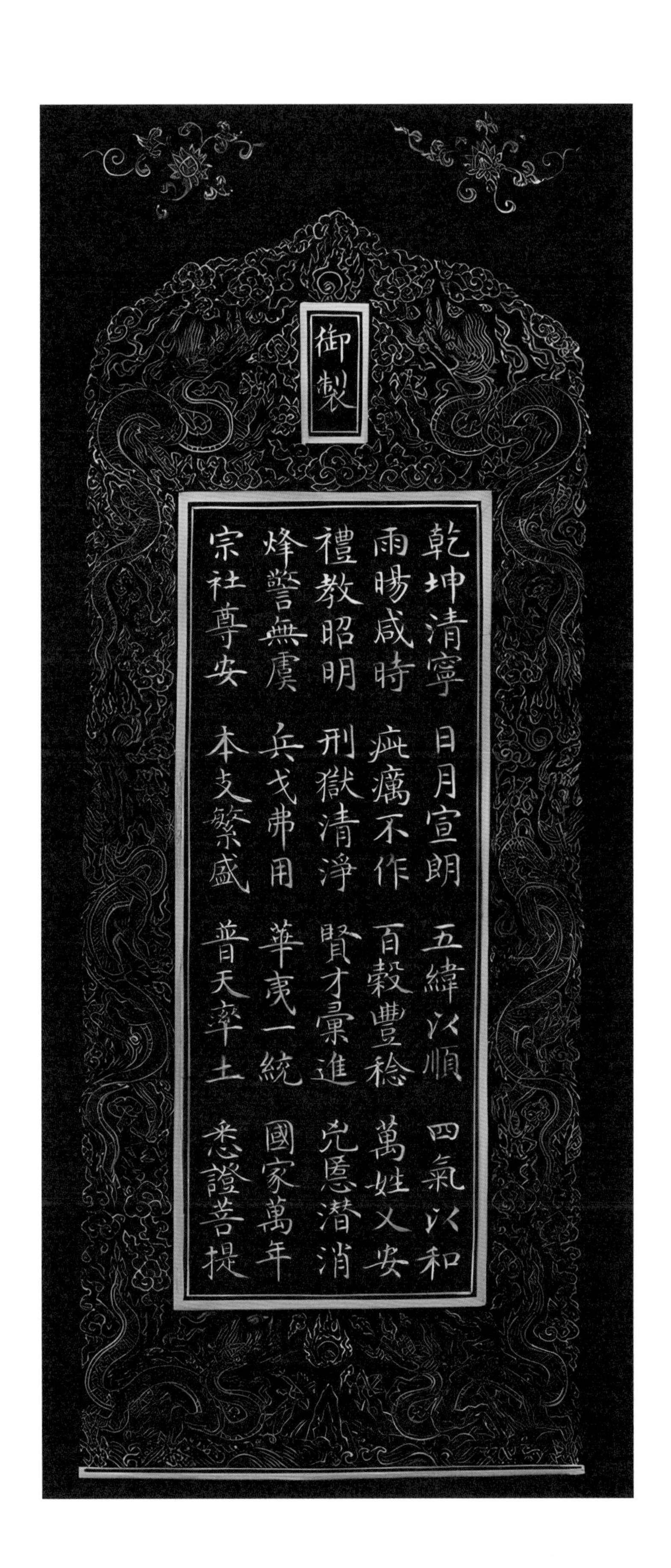
御製
乾坤清寧 日月宣朗 五緯以順 四氣以和
雨暘咸時 疵癘不作 百穀豐稔 萬姓乂安
禮教昭明 刑獄清淨 賢才彙進 兇慝潛消
烽警無虞 兵戈弗用 華夷一統 國家萬年
宗社尊安 本支繁盛 普天率土 悉證菩提

明代宣德磁青纸

是那个时代著名的加工纸，专供朝廷使用，现已失传。这类手工纸在清乾隆时期曾被仿制。

明清时期，造纸术的发展略有起落。在明初，朝廷重视发展农业，到永乐年间，郑和七下西洋，海外贸易发展起来，商品的流通促进了经济的发展，也有利于造纸技术的继续进步，中国的手工纸也开始远销海外，成为主要的出口特产之一。活字印刷的推广普及也推动了造纸业的大发展。宣宗在位时，宫廷造纸机构官纸局从各地征调工匠，制作各类

清乾隆仿澄心堂纸

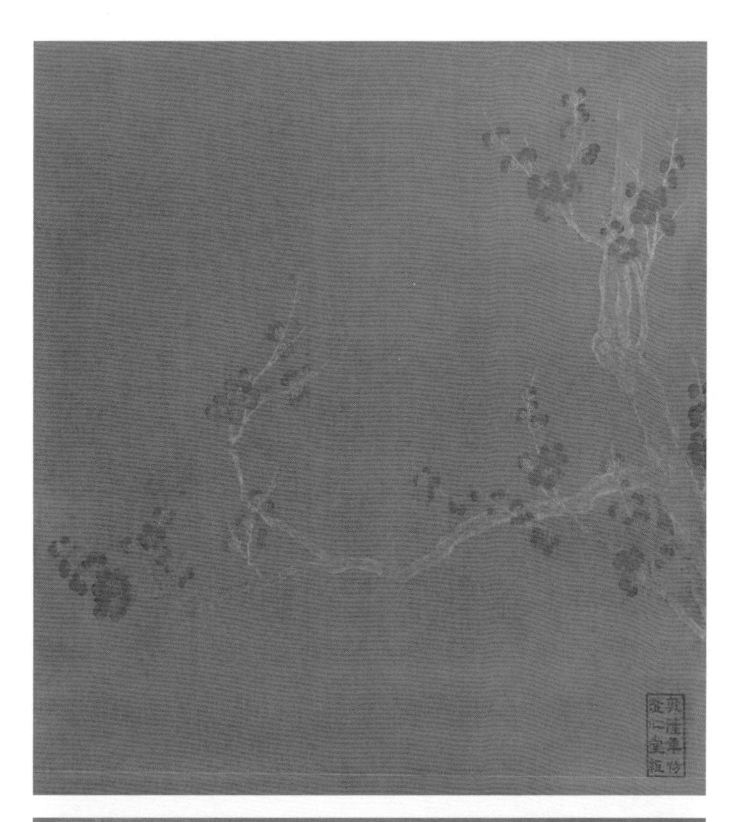

仿澄心堂纸正面

仿澄心堂纸反面

清乾隆仿明仁殿纸

名贵手工纸笺，统称“宣德宫笺”（宣宗年号为“宣德”），技术已经发展到很高水平。宣宗之后，造纸技术出现倒退。经历明末战争后，造纸业受到很大摧残，随之衰落。

直至清代的康乾盛世，随着社会经济的繁荣、文教事业的发展，一百多年间，造纸业蓬勃发展。为大家熟悉的纸中瑰宝——宣纸（以青檀皮等为原料）发展起来了。泾县宣纸是当时的高级手工纸，享有“纸寿千年”之美誉。宣纸上的加工技艺也突飞猛进，宫廷用纸品种繁多、质量优良。较为名贵的纸类中，大多为仿制历代名纸，如仿明仁殿纸、仿宣德宫纸、仿澄心堂纸、仿金粟山藏经纸等。由于社会稳定，康乾两帝本身又有书画造诣，更是用纸行家，手工纸的加工技术得以完善，向更高层次发展。

造纸技术的兴衰迭代有其客观必然性，随着历史的发展，纸的形态也千变万化。中国手工纸不论以历史的时间纵轴还是以世界的地域

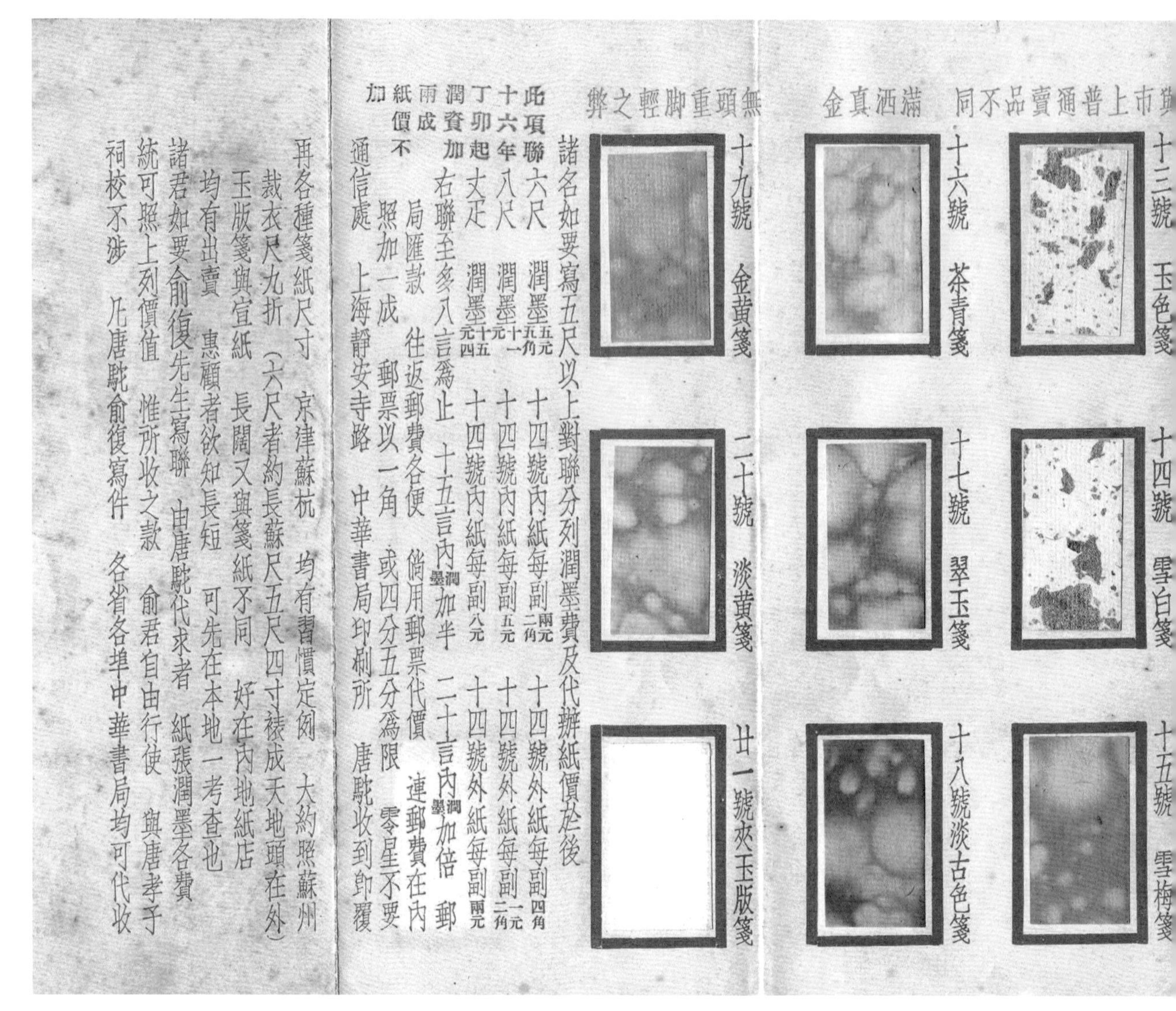

民国初期中华书局的蜡笺宣传单

横轴而言，都有极大的历史意义和艺术价值，是人类文明的见证载体。

我国发明造纸术以来，有很长一段时间，人们都是用手工方式来制造纸张的，直到十九世纪发明了造纸机器，才开始批量生产机制纸。手工纸一般呈碱性，强度较小，质地柔软，吸水性较强，适合使用毛笔作书画于其上。手工纸依靠的是人力、手工艺，机制纸依赖机械、动力。当代社会中机制纸的产量大大超过了手工纸，占比几乎达到99%。而对于中国来说，手工纸的存在不仅仅意味着一种书写载体，作为传统历史

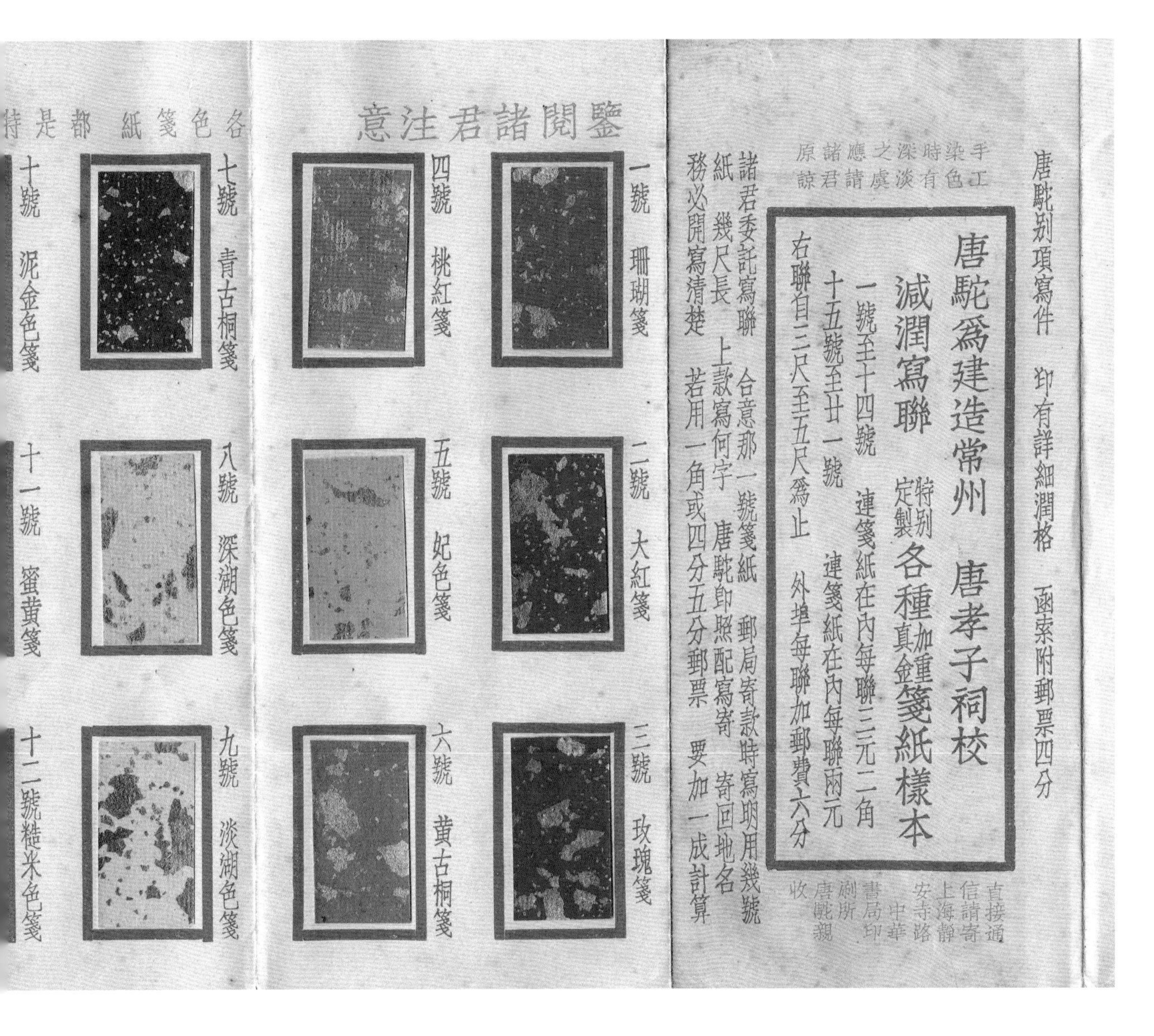
唐駝別項寫件 印有詳細潤格 函索附郵票四分
手工染色時有深淡之處應請諸君原諒
唐駝爲建造常州 唐孝子祠校
減潤寫聯 特別定製各種加重真金箋紙樣本
一號至十四號 連箋紙在內每聯三元二角
十五號至廿一號 連箋紙在內每聯兩元
右聯自三尺至五尺爲止 外埠每聯加郵費六分
直接通信請寄上海靜安寺路中華書局印刷所唐駝親收
諸君委託寫聯 合意那一號箋紙 郵局寄款時寫明用幾號
紙幾尺長 上款寫何字 唐駝即照配寫寄 寄回地名
務必開寫清楚 若用一角或四分五分郵票 要加一成計算
鑒閱諸君注意
名色箋紙都是特
一號 珊瑚箋
二號 大紅箋
三號 玫瑰箋
四號 桃紅箋
五號 妃色箋
六號 黃古桐箋
七號 青古桐箋
八號 深湖色箋
九號 淡湖色箋
十號 泥金色箋
十一號 蜜黃箋
十二號糙米色箋

机制纸

锦龙堂描金蜡笺

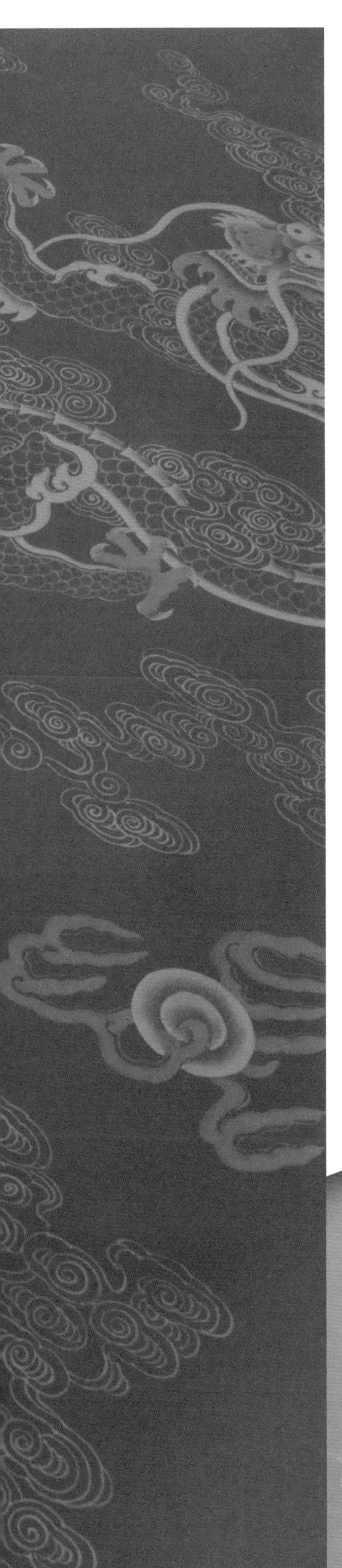

锦龙堂虎皮宣

文化沉淀的产物，一些各具特色的手工纸依旧具备保留和发展的价值，是一个民族、一个国家的精神财富。

随着现代科学技术的发展，传统手工纸在当下的中国已不再是主流用纸。目前手工纸的用途主要在于中国传统文化和民俗的相关领域。这一宝贵的文化遗产需要一代代人关注、继承、发扬、传布。

锦龙堂虹光笺

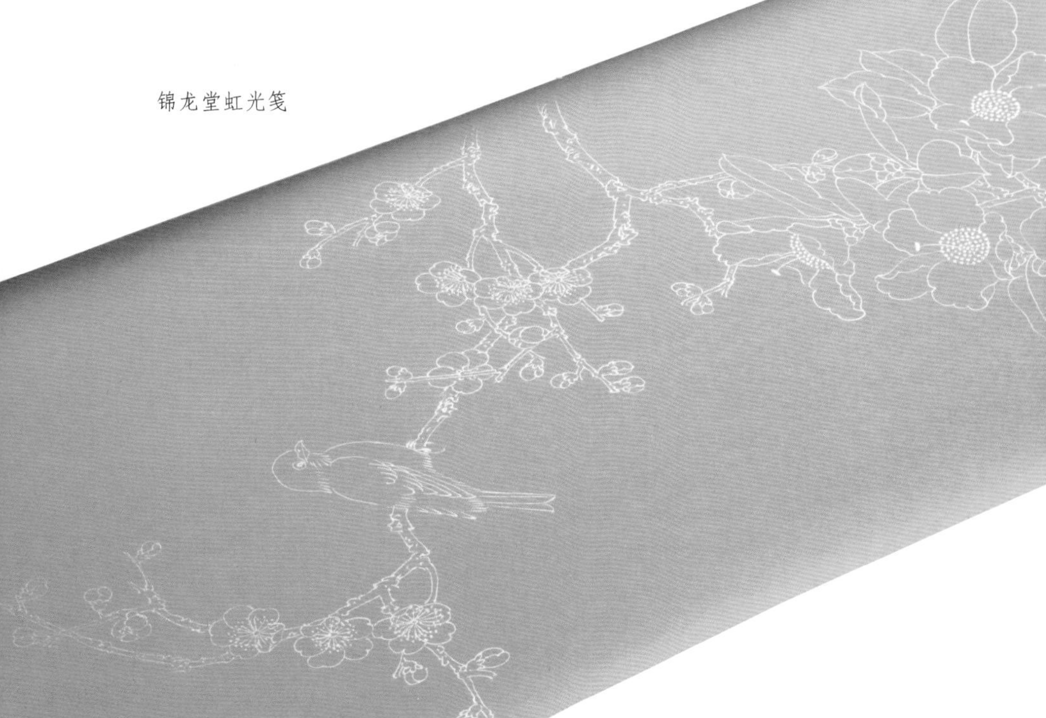

二 | 中国书画纸概述

手工纸中，用于中国书画者，均属于上乘纸品。同样的笔法，施于不同的上乘纸张，会散发出各异的魅力。纸张的好坏对中国书画作品有着极大的影响力。为世人熟知的宣纸其实只是书画纸中的一种。前文提及，宣纸的使用至清代才进入鼎盛期，中国书画纸不等同于宣纸，这两个概念经常被混淆。

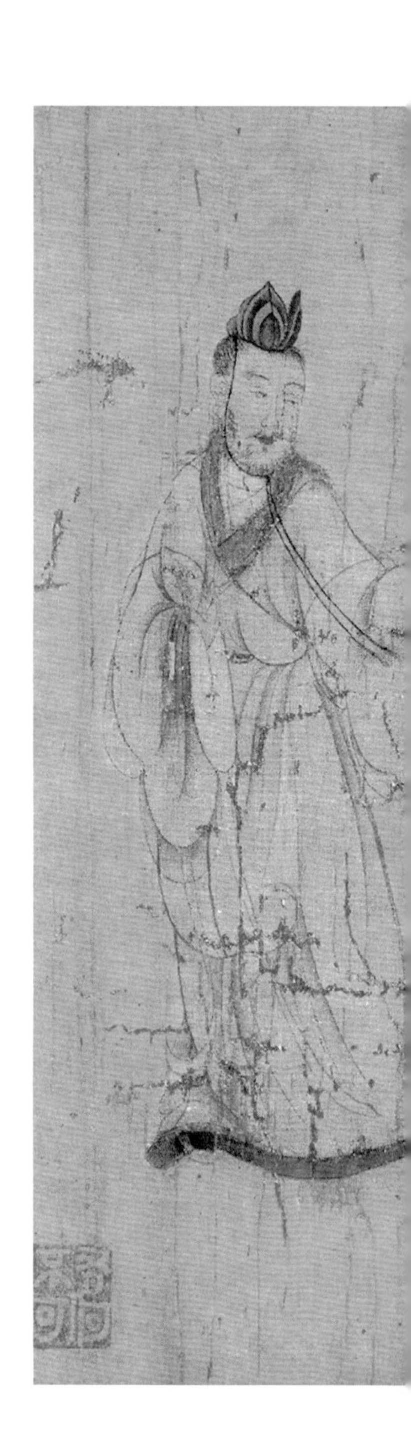

汉晋时期的造纸原料，初时以麻类为多，现存最早的名人书迹——西晋文学家陆机的《平复帖》就是用麻纸写的。早期的纸不适于作画，东晋画家顾恺之的《女史箴图》是绢本。乾隆皇帝“三希堂”所藏的三件书法名迹中，《快雪时晴帖》《伯远帖》均是麻纸本，《中秋帖》为竹纸本，当系宋人摹本。

隋唐时朝，经济繁荣，社会稳定，为造纸业的蓬勃发展奠定了基础。从官方到民间，人们对纸的品质要求都有所提高。据宋代高承的《事物纪原》记载：“唐高宗上元三年以制敕施行，既为永式。用白纸多为虫蛀，自今已后，尚书省颁下诸州诸县，并用

东晋顾恺之《女史箴图》

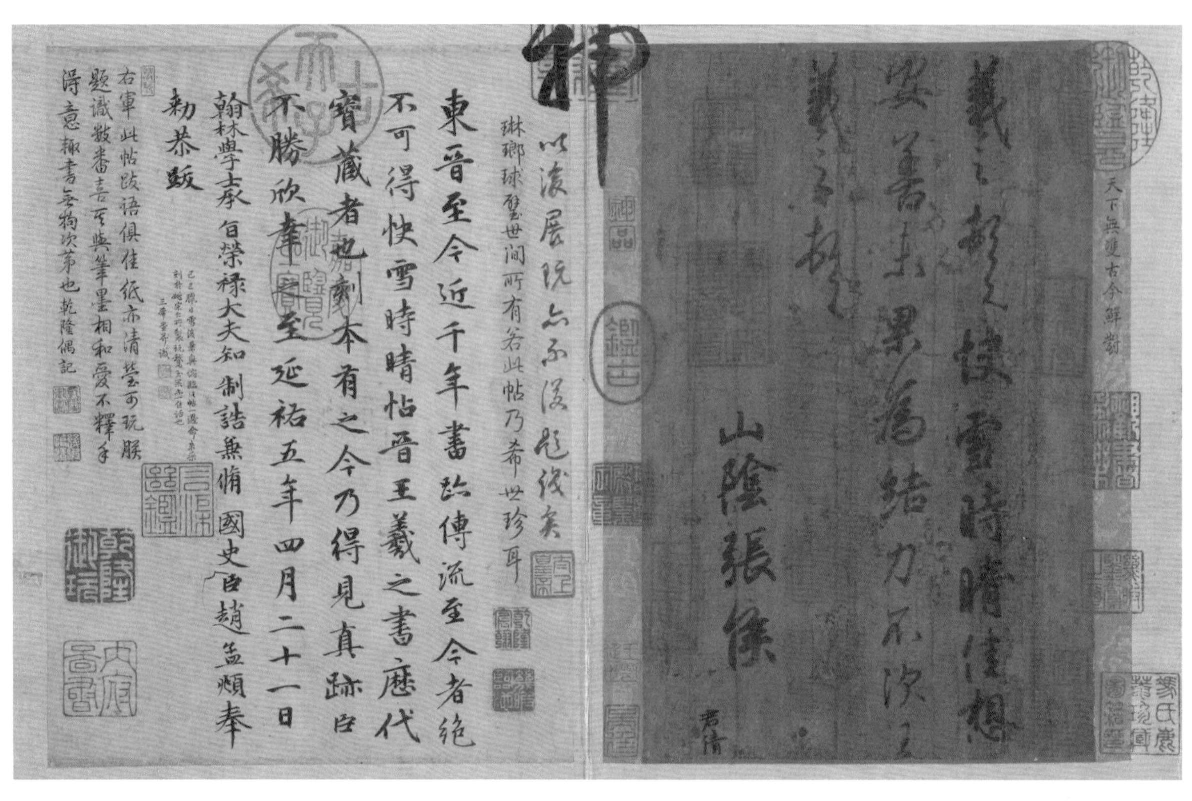

东晋王羲之《快雪时晴帖》

东晋王珣《伯远帖》

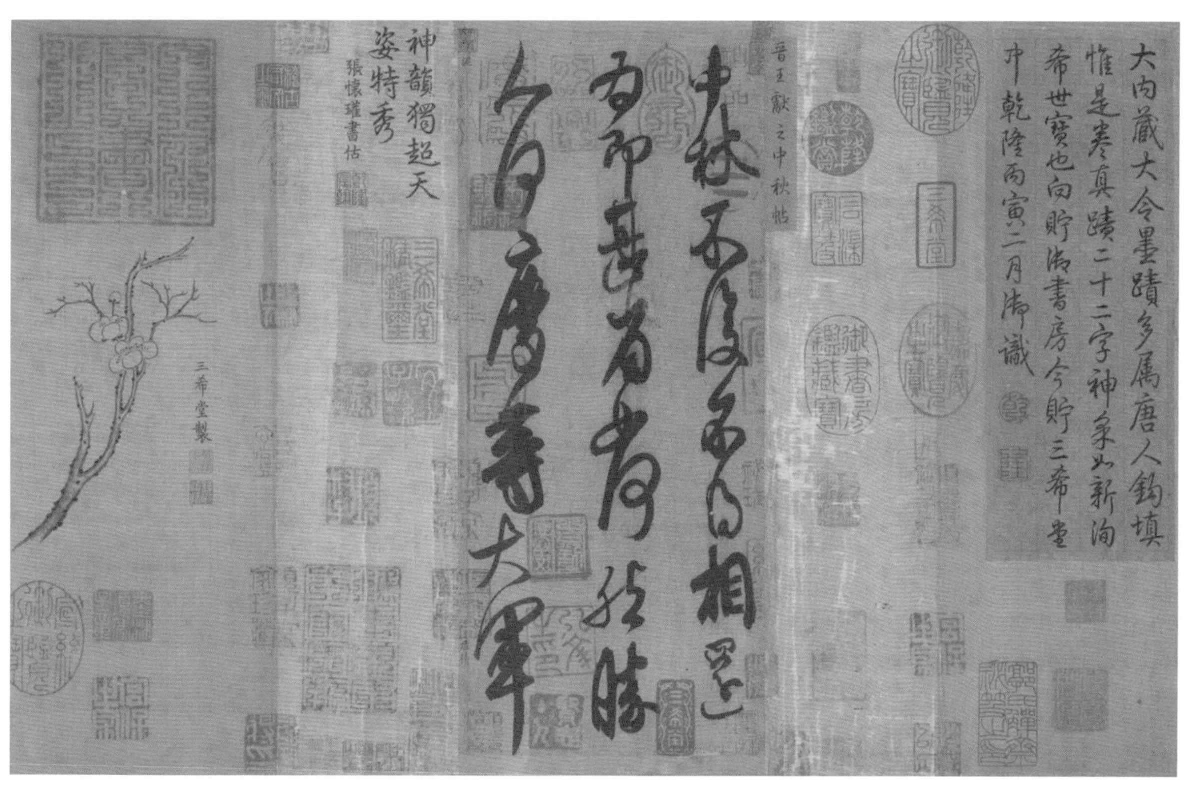

东晋王献之《中秋帖》

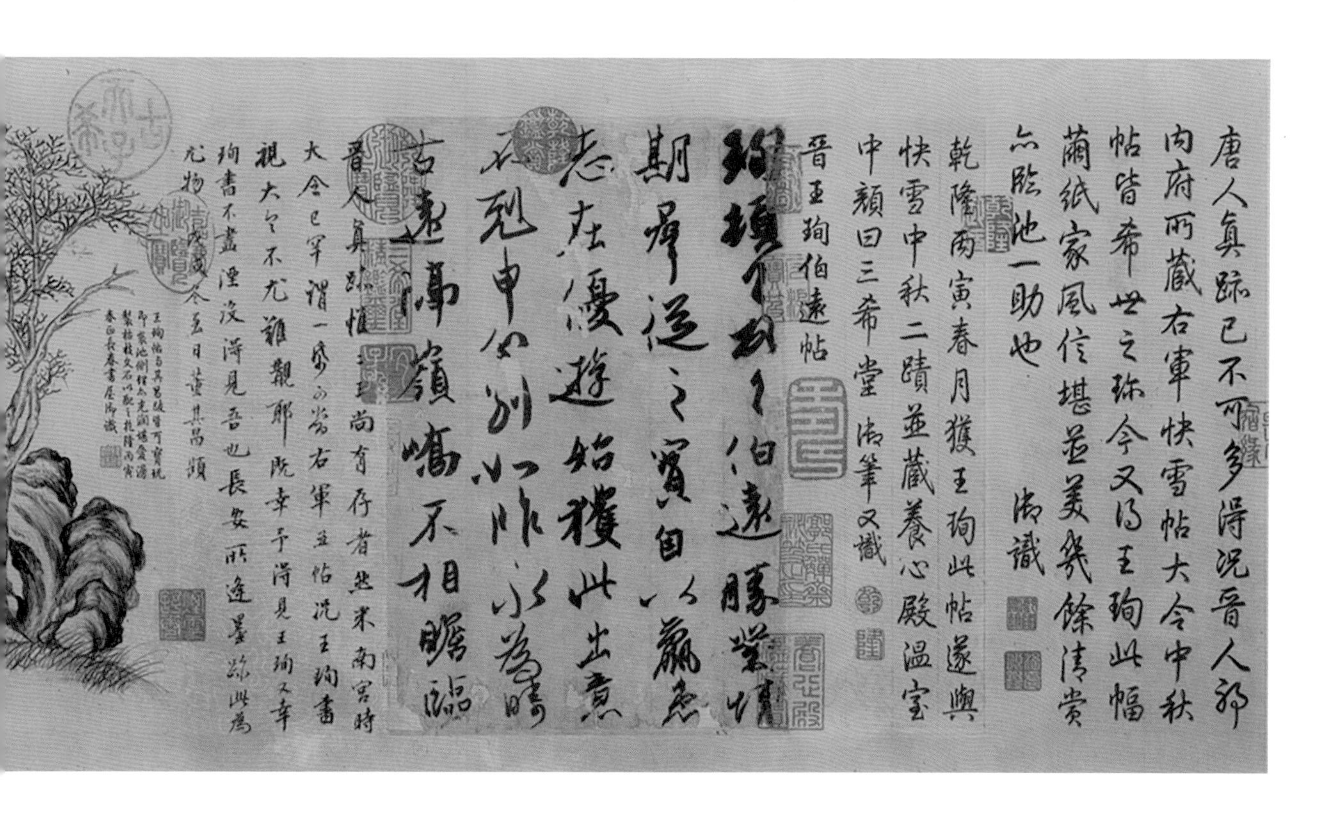

画在桑皮纸上的《五牛图》（局部）

黄纸，敕用黄纸自高宗始也。”由此，加工纸中黄纸等染色纸的时代正式开启，姹紫嫣红，琳琅满目，品类多样，满足了书画界的需求，也促进了造纸技术的发展。如赫赫有名的《五牛图》使用的是桑皮纸，表面光泽疑似涂蜡，色为淡黄，纤维均匀。

宋元两代，文人书画崛起，宋人在生纸上作墨戏，赵孟頫倡为“书画同源”，“元四家”的渴笔皴擦，对书画纸的运用生、熟纸皆有。纸张在画坛逐渐取代了绢素的地位。书画家对纸张特性的探索推动了书画加工纸的发展。据明代高濂的《遵生八笺》记载：“元有黄麻纸、铅山

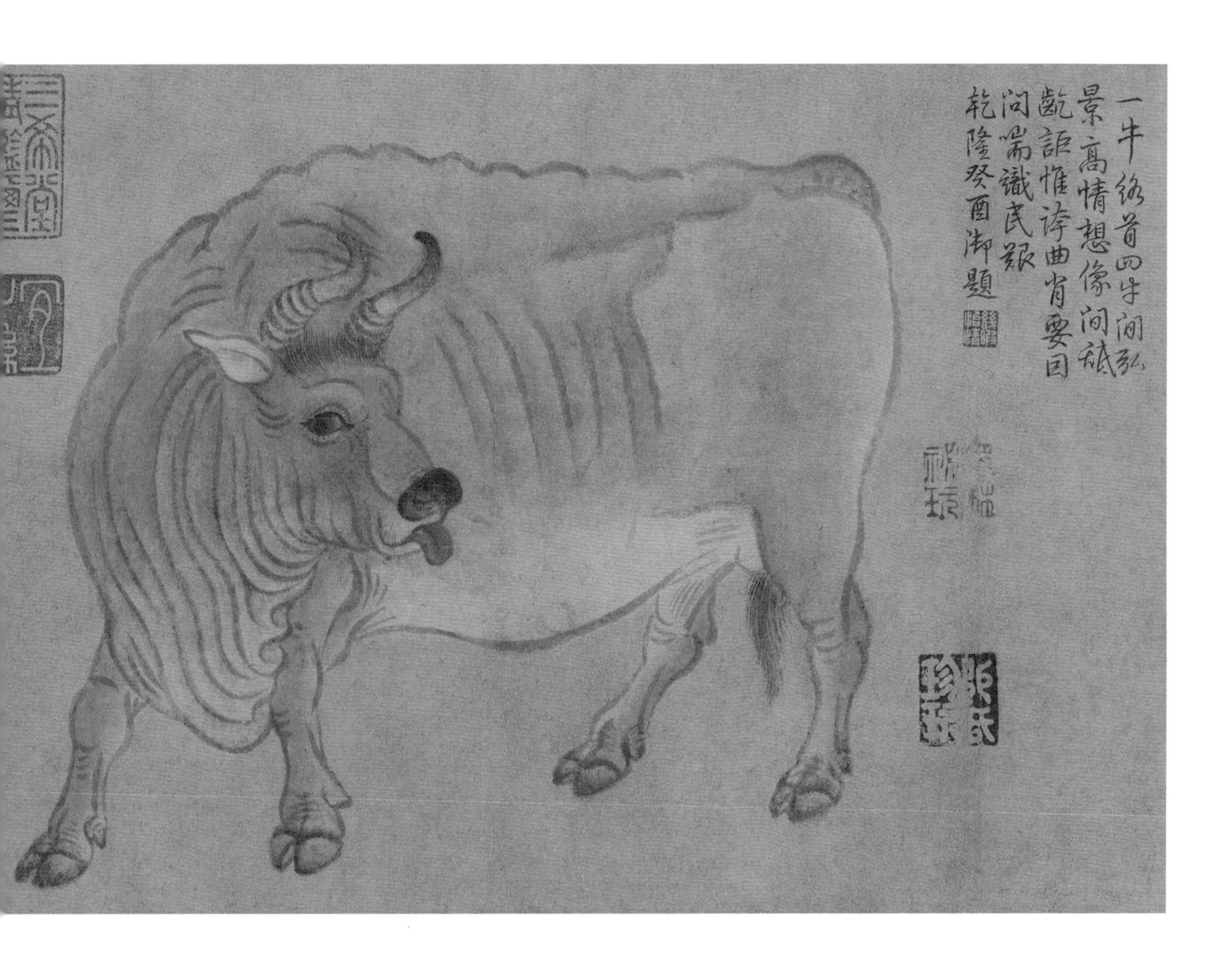

纸、常山纸、英山纸、临川小笺纸、上虞纸……”文震亨的《长物志》中也说：“元有彩色粉笺、蜡笺、黄笺、花笺、罗纹笺，皆出绍兴；有白箓、观音、清江等纸，皆出江西。”

书画纸的鼎盛时期，应该归于明、清。这一时期的书画界人才辈出，明代的“吴门四家”，清代的四王、四僧、扬州画派，清末的海上画派等，都发展出了各具特色的笔墨技巧，对书画纸的要求也必然不同。书画艺术促进了书画纸的发展，反之亦然。在清代，宣纸几乎占领了全部书画的舞台，宣纸的加工技艺也愈加成熟，发展出更高阶的书画加

元代倪瓒《六君子图》

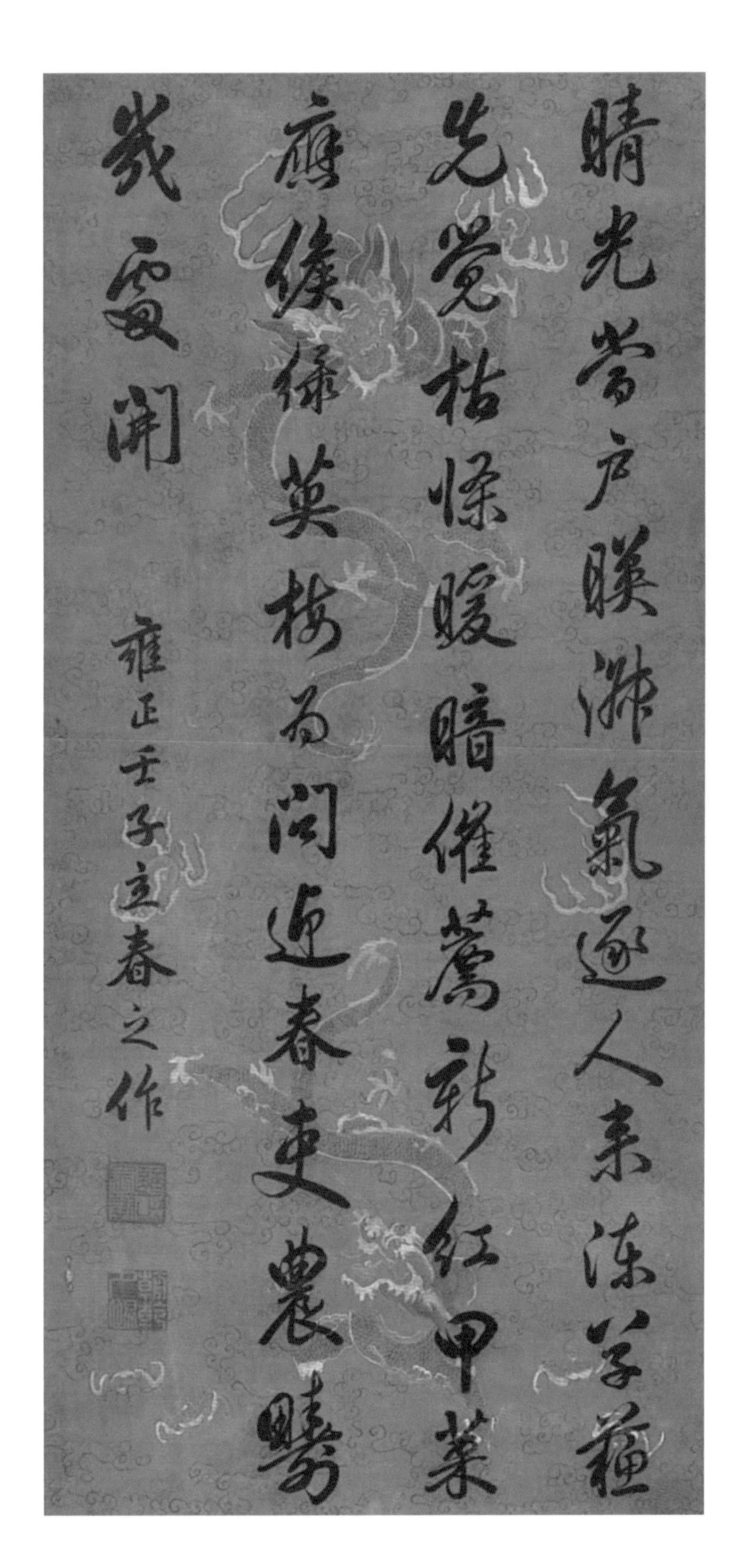

清雍正帝书法

清乾隆帝书法

工纸。蜡笺技艺就是众多加工技法中的一种。

笔者自少年时接触古书画装裱加工技艺，跟随师傅游历于中国书画笔墨之间，有幸与书画纸加工技术结缘，又在诸多好友的协助之下，把其中一种几近失传的蜡笺技艺加以保留、复原、延续，并获评上海市级非物质文化遗产项目，四十余年的心血算是有了交代。之后的章节将围绕蜡笺技艺展开，笔者尝试着传递出这一技艺背后中华民族的勤劳与智慧，以及代代文人追求美的心境，与读者共勉。

第二章 中国书画蜡笺技艺

人之巧，乃可与造化者同功乎？

——《列子·汤问》

翻阅多种关于“纸笺”的专著，发现在书画纸加工技艺中，“粉笺”“蜡笺”“粉蜡笺”非常容易被混淆。通过理论书籍、专业材料的学习，加之实践传承、反复实验的印证，笔者尝试从自身的理解来说明这些名词之间的区别。

首先要弄明白，蜡笺到底是什么？蜡笺，亦作“蜡牋”，始创于唐代，鼎盛于清代，是一种多为宫廷及官府所用的高级手工纸笺。清代的蜡笺除仿古外，亦有不少新创佳品，著名的如“梅花玉版笺”，在皮纸上施蜡，再以泥金或泥银绘成冰梅纹以为装饰，钤“梅花玉版笺”朱印，其他还有“描金云龙五色蜡笺”“洒金银五色蜡笺”等，在彩色蜡纸上现出金银的光彩，多用于宫内写宜春帖子，或在殿堂内装饰墙壁、屏风，图案丰富，精美而华贵，本身即是一种艺术品。在古籍文献中，有不少记录蜡笺的文字，可供我们寻绎其源流。

一 蜡笺的历史演变

▸▸ 蜡笺的文献记载

唐代张彦远《历代名画记》称：“江南地润无尘，人多精艺，三吴之迹，八绝之名，逸少右军，长康散骑，书画之能，其来尚矣。《淮南子》云：‘宋人善画，吴人善冶。’不亦然乎？好事家宜置宣纸百幅，用法

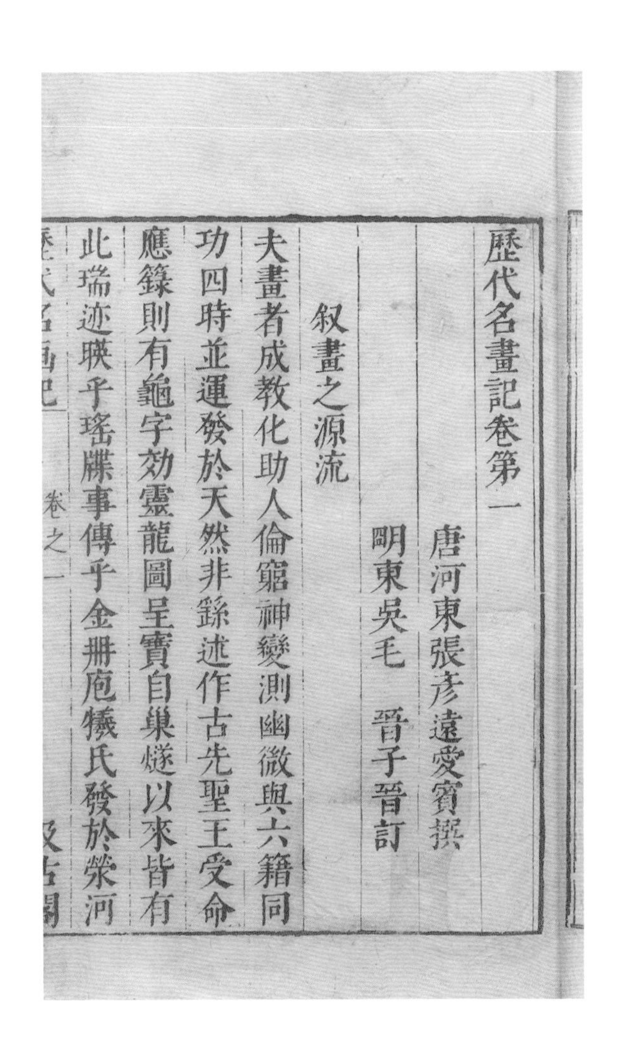
歷代名畫記卷第一
唐河東張彥遠愛賓撰
明東吳毛　晉子晉訂
敘畫之源流
夫畫者成教化助人倫窮神變測幽微與六籍同
功四時並運發於天然非繇述作古先聖王受命
應籙則有龜字效靈龍圖呈寶自巢燧以來皆有
此瑞迹暎乎瑶牒事傳乎金冊庖犧氏發於滎河
歷代名畫記　卷之一　汲古閣

《历代名画记》

蜡之，以备摹写。古时好拓画，十得七八，不失神彩笔踪。亦有御府拓本，谓之官拓。”《历代名画记》是最早记载宣纸的历史文献，其中提及“用法蜡之，以备摹写”，为后世研究蜡笺的起源和用途提供了最基本的依据。

南宋张世南《游宦纪闻》卷五写道：“硬黄（纸），谓置纸热熨斗上，以黄蜡涂匀，俨如枕角，毫厘必见。”此纸为黄蜡笺，唐代已有，除了书写之外，还用以摹拓汉、晋法帖。

北宋米芾《书史》卷上说：“又有唐摹右军帖，双钩蜡纸。”此处指

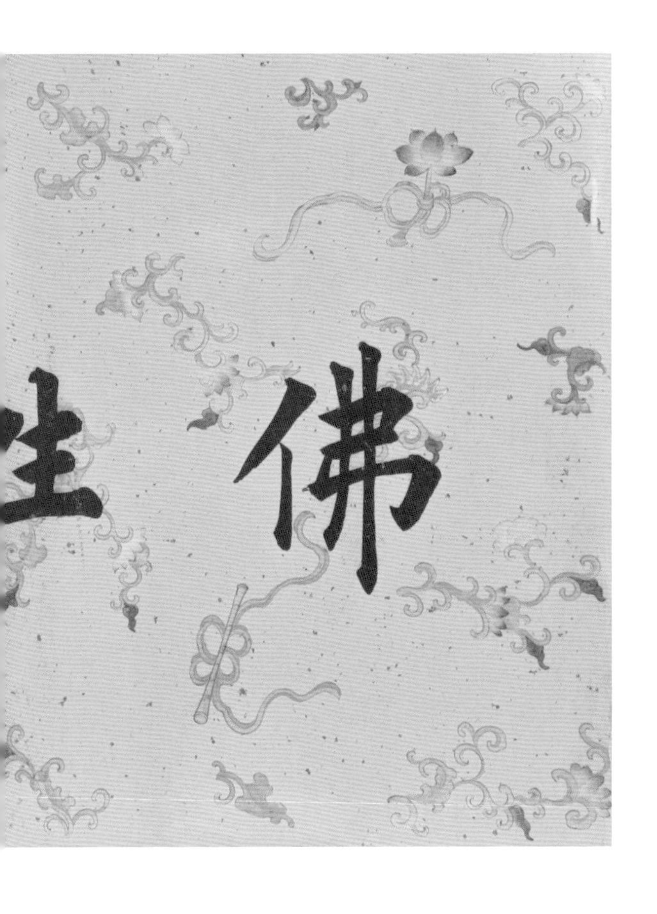

明末清初邵弥作品

的是白蜡笺，区别于黄蜡笺。

明代文震亨《长物志》载："元有彩色粉笺、蜡笺、黄笺、花笺、罗纹笺，皆出绍兴。"这说明在元代，蜡笺仍然盛行。

明代方以智《物理小识》卷八"器用类"提及"笺纸"："永乐于江西造连七纸，奏本出铅山，榜纸出浙之常山、卢之英山。宣德五年造素馨纸，印有洒金笺、五色金粉、磁青蜡笺……"

清代沈初《西清笔记·纪典故》云："内库藏明代香笺甚多，今制尚沿其旧，亦宋人蜡笺遗意，而坚致过之。上命造梅花玉版笺、仿澄心堂笺、云龙笺诸种尤胜。”

古诗中亦有不少关于蜡笺的记载。

南宋张镃有《寄春膏笺与何同叔监簿因成古体》诗：“苏州粉笺美如花，萍文霜粒古所夸。近年专制浅蜡色，软玉莹腻无纤瑕。盘门系缆高桥住，呼僮径访孙华铺。琱锼红碧任成堆，春膏且问如何去……”此诗说明苏州粉笺、春膏笺、蜡笺等属于同类笺，也就是在制作程序上相似，只是在工艺上略有区别。

宋末方夔有《用子声韵谢吴友直惠蜡笺》诗：“迩来奇制蜡作纹，草木虫鱼生眼缬。只今吴越称第一，秋浦浣花派滕薛……”此诗道出了蜡笺的制作方式，即经染色、涂布、施蜡、研花等工序加工而成。

从上述历代书画文献、笔记和文人雅士诗句中可以看出，自唐代出现涂蜡纸笺以来，将粉、蜡施于纸面的技术随着时代的发展和需求的变化而不断精进。让吸水的“粉”和防水的“蜡”两种材料在纸张上结合的工艺自唐代即已开始应用。唐代纸工将蜡笺技术与魏晋南北朝的填粉技术融合，制成在纸面填涂白色矿物细粉的粉蜡笺，即双料涂布纸。这种纸与单纯的粉笺不同，表面比粉笺更光滑，抗水性增加。粉笺、蜡笺、粉蜡笺的区别就在于因需求不同而造成粉与蜡的使用方式在制作技艺的流程中有所不同。到了明清时代，蜡笺技艺被运用在更多载体上，可以在绢丝、皮纸、宣纸上施以洒金、描金、泥金，用于书画、装饰、装裱，以及扇、卷、册页等衍生品。

▸▸ 蜡笺加工技艺的记载

蜡笺技艺一般需要在载体上进行再加工。魏晋南北朝及隋唐所用的多为皮纸，包括楮皮纸、桑皮纸、瑞香皮纸、芙蓉皮纸等，多以淀粉剂作纸表施胶，后改用动物胶并加入明矾。施胶后的涂布纸称粉笺，可以是白纸或色纸，再在其上涂蜡，以增加纸的防水性，就称为蜡笺。如果在纸上先涂白粉，再染色，最后再上蜡，便成了彩色粉蜡笺。再将金粉、金片装饰在纸上，便成为洒金笺。如果再在色纸上用泥金画出图案，则称金花笺或描金纸。隋唐时期在纸上施蜡是通过加热熨烫的方法完成的，其目的是保护重要的文书、典籍等免受虫蛀水浸，与之后朝代的加工工艺略有区别。

唐代的黄蜡笺“硬黄”和白蜡笺“硬白”，都在宋代得到进一步的发展。著名的“金粟山藏经纸”在制作工艺上也可能参考了唐代蜡笺的制作。据明代文震亨的《长物志》记载，宋有“黄白纸笺，可揭开用”，指的就是可层层揭开使用的宋笺。明人董穀《续澉水志》卷六“祠宇纪”称：

> 大悲阁内贮大藏经两函，万余卷也。其字卷卷相同，殆类一手所书。其纸幅幅有小红印曰“金粟山藏经纸”。间有元丰年号，五百年前物矣。其纸内外皆蜡，无纹理，与倭纸相类，造法今已不传，想即古所谓“白麻”者也……日渐被人盗去，四十年而殆尽，今无矣。计在当时糜费不知几何？谅非宋初盛时不能为也。

明人胡震亨等的《海盐县图经》“方域篇”说：

（金粟）寺有藏经千轴，用硬黄茧纸，内外皆蜡磨光莹，以红丝栏界之。书法端楷而肥，卷卷如出一手。墨尤黝泽，如髹漆可鉴。纸背每幅有小红印，曰“金粟山藏经纸”。后好事者剥取为装潢之用，称为宋笺，遍行宇内，所存无几。

研究表明，宋代蜡笺是在麻纸、桑皮纸上加工而成，其中以皮纸为原料者居多。每张纸都比较厚，可分层揭开，纸呈黄色或浅黄色，表面施蜡，再经研光，制作精良，并且其工艺是将蜡涂布在纸张表面，而非烫在纸上。

明代最著名的是“宣德纸”（或称“宣德宫笺”）。“宣德纸”是以明宣宗的年号命名的，是宣德年间所造的一类纸的统称。此纸上承唐宋造纸传统，下启当朝及清代造纸技术，在中国造纸史上有其重要的历史作用。清代宣纸发展起来后，蜡笺技艺的运用就更为广泛。乾隆年间，安徽泾县纸场仿制宣德纸，同时改进了宣德纸的工艺流程，省去了若干多余工序，从而发展出在技术和经济上都较为合理的泾县纸制作工艺。从南唐和宋代的澄心堂纸，到明代的宣德纸，再到清代的泾县纸，我们隐约可见这一发展谱系中有一种技术传递的过程。泾县纸在清中期才最终成型，从乾隆以后成为内府御用高级纸。

清人吴振棫《养吉斋丛录》卷二十六列出了当时各省进御的纸种：

纸之属，如宫廷贴用金云龙硃红福字绢笺，云龙硃红大小对笺，皆遵内颁式样、尺度制办呈进。其他则有五彩盈丈大绢笺、各色花绢笺、蜡笺、金花笺、梅花玉版笺、新宣纸。旧纸则有侧理[纸]、金粟[笺]、明仁殿[纸]、宣德诏敕[纸]，仿古则有澄心堂[纸]、明仁殿纸、侧理纸、藏经笺、宣德描金笺。外国所贡，高丽则有洒金笺、金龙笺、镜光笺、苔笺、咨文笺、竹青笺、各色大小纸。琉球则有雪纸、头号奉书纸、二号奉书纸、旧纸。西洋则有金边纸、云母纸、漏花纸、各色笺纸。又回部（新疆）各色纸，大理（云南）各色纸，此皆懋勤殿庋藏中之别为一类者。

以上皆为宫中所用的高级纸，包括传统名纸和各种加工纸。在诸多加工技术中，蜡笺技艺的运用，使纸张的保存时间大大增加，同时又宜于书写、作画，不失用笔质感。

清末民初，蜡笺技艺的发展陷入低谷，不少宫廷匠人因为战争流离失所，部分前往南方避难，这一技艺也随之来到了南方。

二 | 蜡笺制作的发展

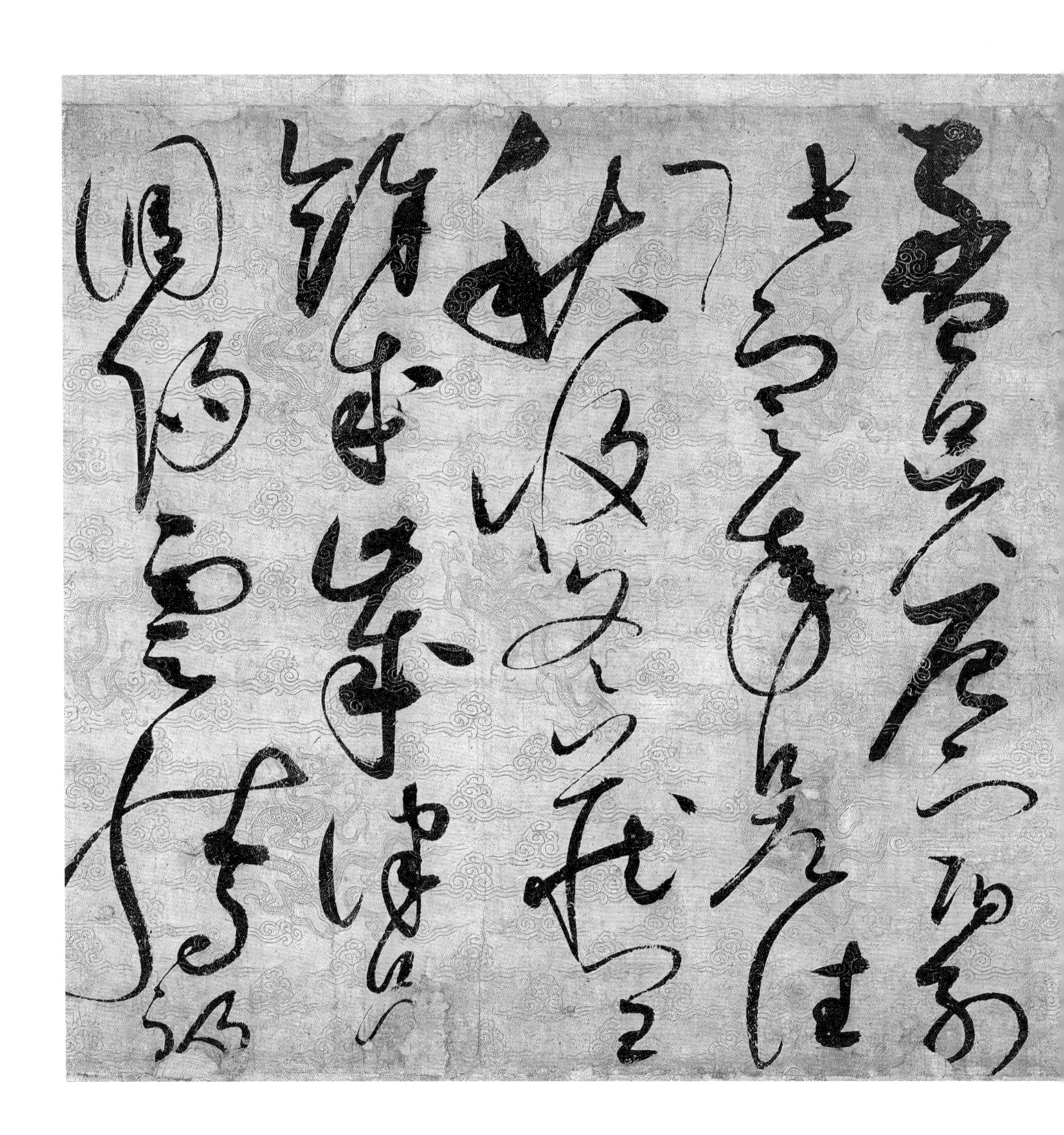

传承至今的蜡笺技艺或许在工艺流程上不与古时完全相同，但在制作过程中的许多关键步骤上是一致的。

从前文提及的文献记载中可以发现，蜡笺技艺的发展是循序渐进的。施蜡于纸上始于唐代，当时已有一独特的工序——砑光。砑光就是在原纸的正反两面涂满蜡后用弧形的硬石在纸上碾压摩擦，使纸变得

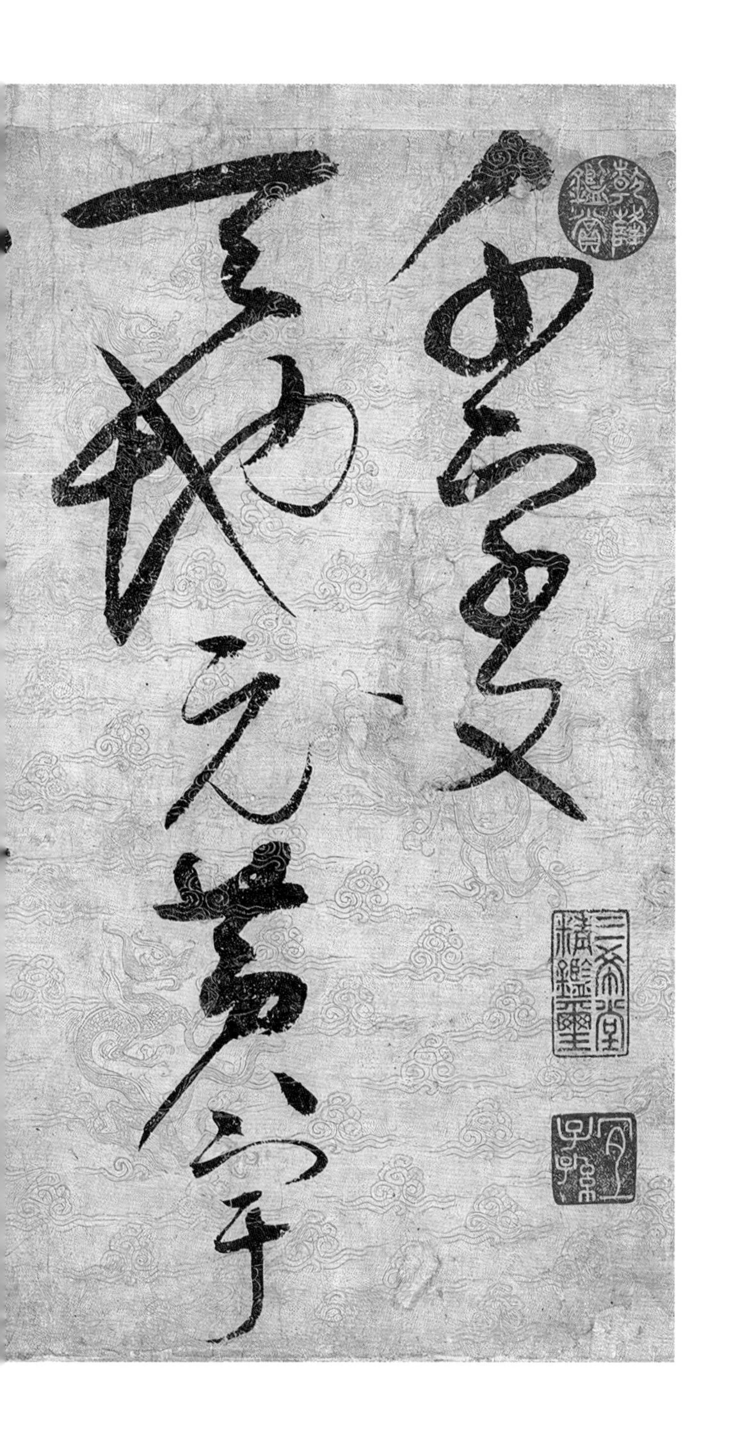

赵佶草书《千字文》卷（局部）

光亮，纤维密实均匀。这个关键步骤就是早期蜡笺被广泛推崇的要义之一。

宋代抄纸技术大幅度进步，因此能制作出三到五丈的长幅巨纸。如宋徽宗赵佶的草书《千字文》就写在一整张泥金云龙纹蜡笺上，长达三丈多（11.7米）。这与纸浆中加入的“纸药”有关。在蜡笺加工中，配以蜡糨、黄檗、胶、明矾、矿物或植物颜料、金银辅料等，工艺上更为繁复。

明代蜡笺工艺的最后几步工序中，洒金、泥金的技术更加精进，明初洒金笺是大块洒金，中期是小块洒金，晚期多泥金。现在常见的明人书金笺扇面，用的就是这种泥金纸。

明代彭年《六如墨妙》

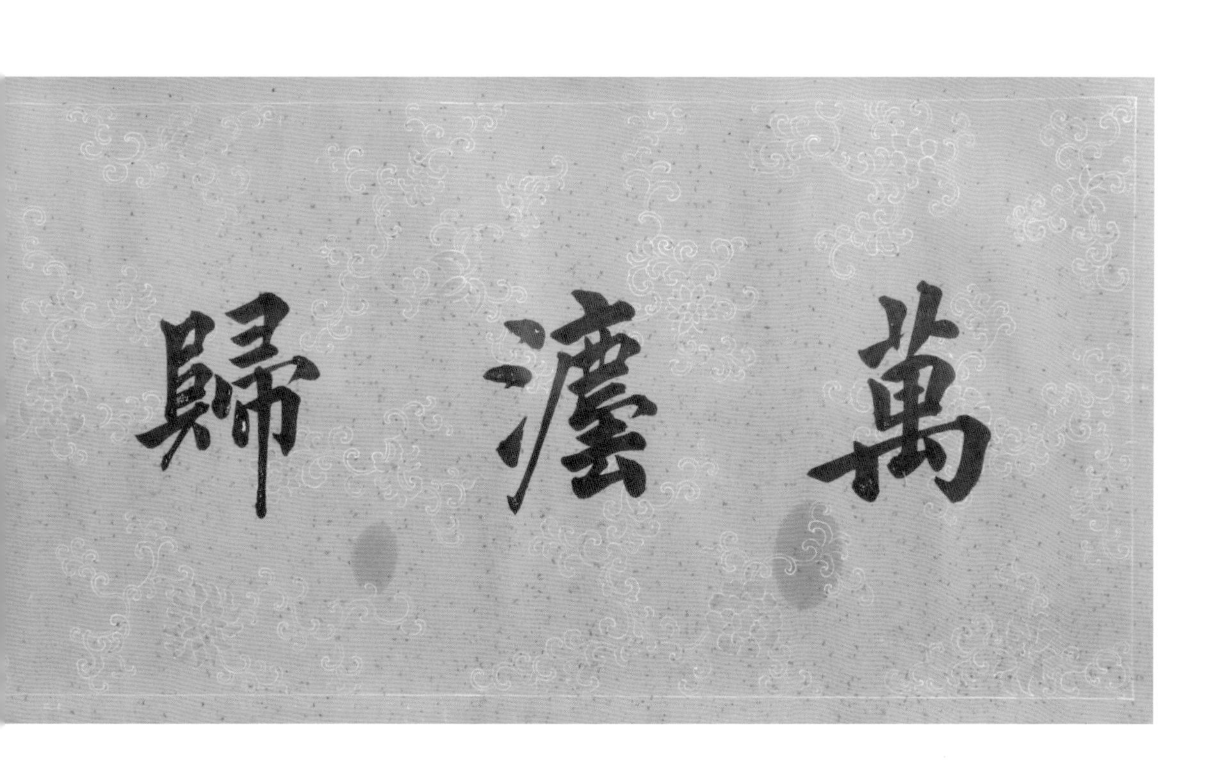

明代李肇亭《万法归一》

清乾隆帝题跋《函海养春》

清代的蜡笺，最主要的特点就是色彩多样、花纹繁多。康、雍、乾三代的上佳纸品有描金银粉蜡笺、描金云龙五色蜡笺、彩绘研光蜡笺、印花染色花笺等等，使用各色纸，并采用粉彩加蜡研光，再用泥金或泥银画出各种图案。蜡笺的制作在清代已达到精美绝伦的程度。宫廷书画用笺，还有不少以绢帛为原料者，如“描金龙戏珠纹绢对料”，为对联用绢，采用粉彩加蜡研光，再用泥金等画出云龙戏珠图案，极具皇家气派。其他如笔者所藏的“五色冷金绢”中，有尺幅巨大者，宽达三米，薄而细腻，工艺极为精湛，非皇家之力不能成此。另有“描金宫绢”，富丽堂皇；“描金花卉绢”描绘花鸟，配以祥云，艳丽雅致。这些绢本笺，适合书写联句、匾额以及巨幅书法等。

由于技术的发展和国力的强盛，蜡笺工艺也得以不断发展，这一传统技艺记录和承载了中国古代物质文明的繁荣与能工巧匠的智慧。

第三章

蜡笺技艺的使用

骐骥一跃，不能十步；驽马十驾，功在不舍。

——《荀子·劝学》

中国书画历史悠久，远在两三千年前，商周已有甲骨文和金文书法，战国时期就出现了画在丝织品上的绘画——帛画。汉魏六朝时期的碑帖展现了各种书体的变迁，人物画也有了长足的发展。至隋唐时期，社会经济、文化高度繁荣，书画也全面发展。五代两宋，宫廷对书画的需求增加，文人士大夫收藏、鉴赏书画蔚然成风，书画更具世俗情味，更长于展现日常场景。元明清三代，书画的笔墨技巧互相渗透，水墨画和文人画成为主流。蜡笺技艺伴随着中国书画的进程而发展，被历代宫廷、书画名家重视、使用，这也凸显了这项技艺的重要地位。自古至今，蜡笺在中国书画中的运用值得深入研究和传承发展。

一 | 蜡笺之于书法

北宋苏轼在《题笔阵图》中曾说："笔墨之迹，托于有形……"书法是指书写时应掌握的方法，主要讲执笔、用笔、点画、结构、分布、体貌风格等。历代书法家和画家对书画用纸各有不用要求，因为他们需要在纸上从事艺术创造。为了使作品历久长存，在纸张上施蜡来保存，不失为一种很好的方法。

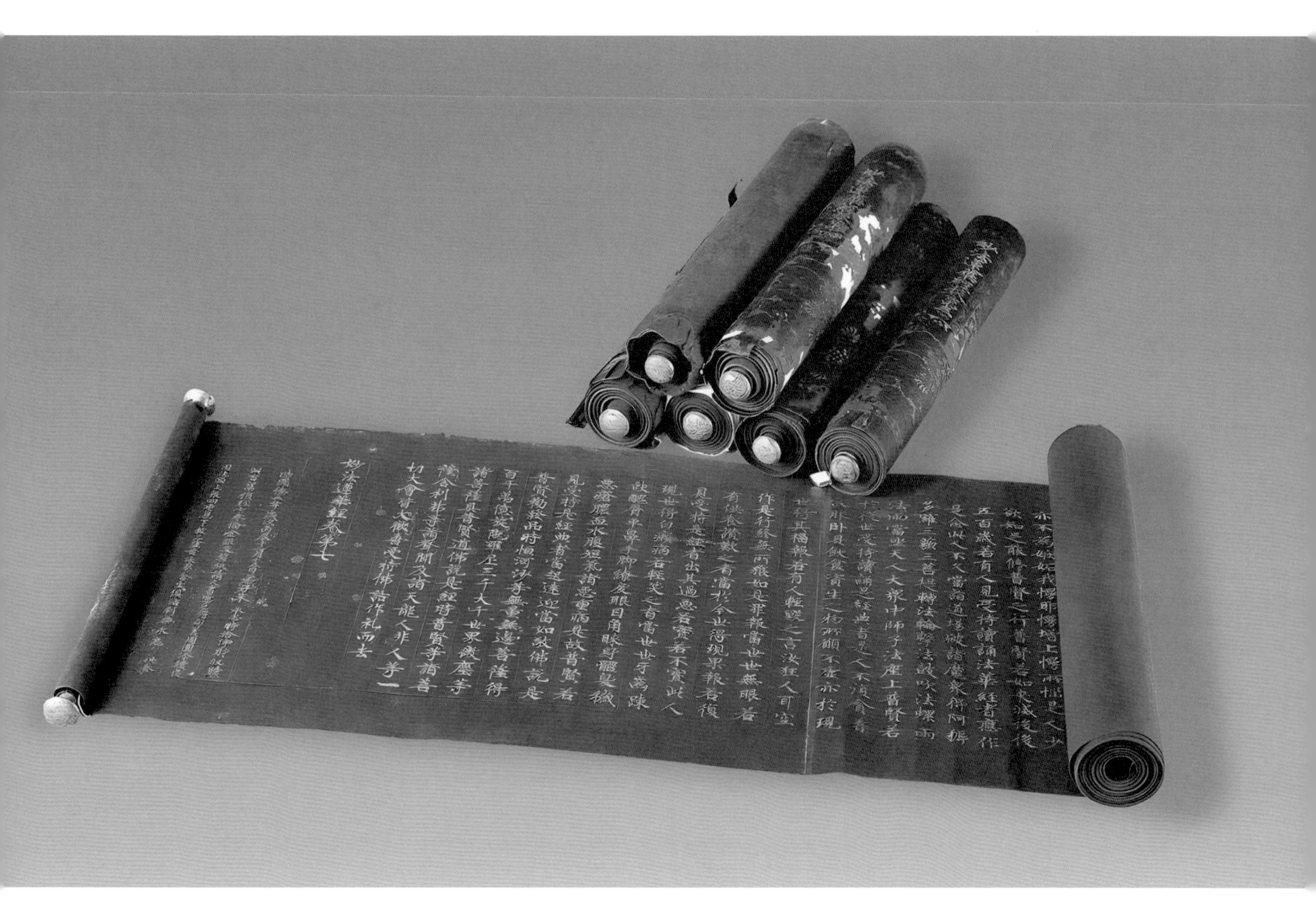

碧纸金书《妙法莲华经》

世得其福報若有人輕毀之言汝狂人耳空
作是行終無所獲如是罪報當世世無眼若
有供養讚歎之者當於今世得現果報若復
見受持是經者出其過惡若實若不實此人
現世得白癩病若輕笑之者當世世牙齒疎
缺醜脣平鼻手脚繚戾眼目角睞身體臭穢
惡瘡膿血水腹短氣諸惡重病是故普賢若
見受持是經典者當起遠迎當如敬佛說是
普賢勸發品時恒河沙等無量無邊菩薩得
百千萬億旋陀羅尼三千大千世界微塵等
諸菩薩具普賢道佛說是經時普賢等諸菩
薩舍利弗等諸聲聞及諸天龍人非人等一
切大會皆大歡喜受持佛語作禮而去

妙法蓮華經卷第七

時顯德三年歲次丙辰十二月十五日弟子朱 承惠特捨淨財收贖
此古舊損經七卷備金銀及碧紙請人書寫已得句義周圓添續良
因伏願上報四重恩下救三塗苦法界含生俱沾利樂永充 供養

妙法蓮華經序品第一
如是我聞一時佛住王舍城耆闍崛山中與
大比丘衆萬二千人俱皆是阿羅漢諸漏已
盡無復煩惱逮得己利盡諸有結心得自在

碧纸金书《妙法莲华经》

前文提到的唐代黄、白蜡笺，是一种蜡质涂布纸，具有防水性，有多方面的用途，在欧洲直到1866年才出现这类纸。蜡笺的制造可能受南北朝时油纸技术的启发，二者都有抗水性及呈半透明，但油纸一般不适于书写。因此唐人摹拓古人法帖以及防止重要典籍受潮而损毁的需要，促进了蜡笺的创制。蜡笺除黄白二色外，当然亦可有其他各种颜色。1978年，考古工作者在苏州瑞光塔第三层塔心窖穴内发现一批秘藏的五代、北宋文物，其中包括用泥金书写的《妙法莲华经》一部，共七卷，卷二末书"大和辛卯四月二十八日修补记"，"大和"为五代吴杨溥的年号，"大和辛卯"为931年。卷七末书"时显德三年岁次丙辰十二月十五日，弟子朱承惠特舍净财，收赎此古旧损经七卷"等。经纸为碧色，经化验为桑皮纸，而且是"经过加蜡研光的加工纸，纸面坚实"。从经纸尺寸及其书法风格看，此经当为中晚唐至五代的作品。

在创制出蜡笺以后，唐代纸工又将蜡笺技术与魏晋南北朝时的填粉技术结合起来，在纸面填加白色矿物粉，制成粉蜡笺，这可以说是一种双料涂布纸。北宋人米芾在《书史》中著录了"唐中书令褚遂良《枯木赋》，是粉蜡纸榻"，又说"智永《千文》，唐粉蜡纸榻，书内一幅麻纸是真迹"。智永为南朝陈、隋间书法家，王羲之七世孙，为山阴（今浙江绍兴）永欣寺僧，后以写《真草千字文》名世，对初唐书学有一定影响。褚遂良为初唐名臣、书法家，太宗时任中书令。二人的书法作品在唐代受高度重视，所以人们肯用最好的粉蜡笺作响拓，以供欣赏、学习。唐代粉蜡笺的制造方式从技术上分析，当是将白色矿物细粉涂布于纸面，再施蜡，最后研光，因而兼收粉纸与蜡纸的优点，是一种创新之举。

智永《真草千字文》

二 | 蜡笺之于国画

相较于书法，中国画在纸张底色的需求上有所不同，并且中国画讲究用墨，墨分五色（焦、浓、淡、干、湿），都要通过纸面表现出来。中国画的艺术美，是绘画、文学、书法、印章等各部分在形式和内涵上的完美结合，互相补充、互相辉映，构成一个纸、墨、色交织的艺术整体。而其中书画纸起到了表达“妙味”的作用。因此，善书画者必定对纸有所了解，制纸之高手，同样大多会一点书画，必须通过自己试笔才能将纸张做到极致。笔者的书画技法就是如此得来的。

唐代韩滉所绘的《五牛图》，在重新装裱时，发现其是由画心纸、命纸（裱在图下的第一层纸）、原补纸（图上加固命纸或用于修补的一层纸）、背纸（图背面的增强用纸）、新托纸（为增强画幅整体的强度而裱上的纸）五部分合在一起组成的。抽其画心纸样分析后，确定原料为桑皮纤维。纸面有蜡层，证实是经过加工制成的。它们的使用反映了唐代以来书画纸的进步与繁荣。

南宋赵希鹄的《洞天清禄集》中说：“米南宫多游江湖间……其作墨戏……纸不用胶矾，不肯于绢上作一笔。”这说明北宋的米芾已经弃绢用纸，而且是用生纸。其子米友仁绘《潇湘奇观图》，图后自题一段曰：“……此纸渗墨，本不可运笔，仲谋勤请不容辞，故为戏作……友仁题，羊毫作字，正如此纸作画耳。”米友仁画山水继承其父技法，多用水墨点染，自称“墨戏”。米氏父子也是用加工纸作书画的开路先锋。据考证，米芾《破羌帖跋》用的就是竹料和其他原料混合并施以蜡笺技艺而制成的纸。另外，苏轼《三马图赞》所用的纸，是以桑皮为主料，施以蜡笺技艺而制成。这些作品底色为本白或偏浅黄，可分剥出好几层。

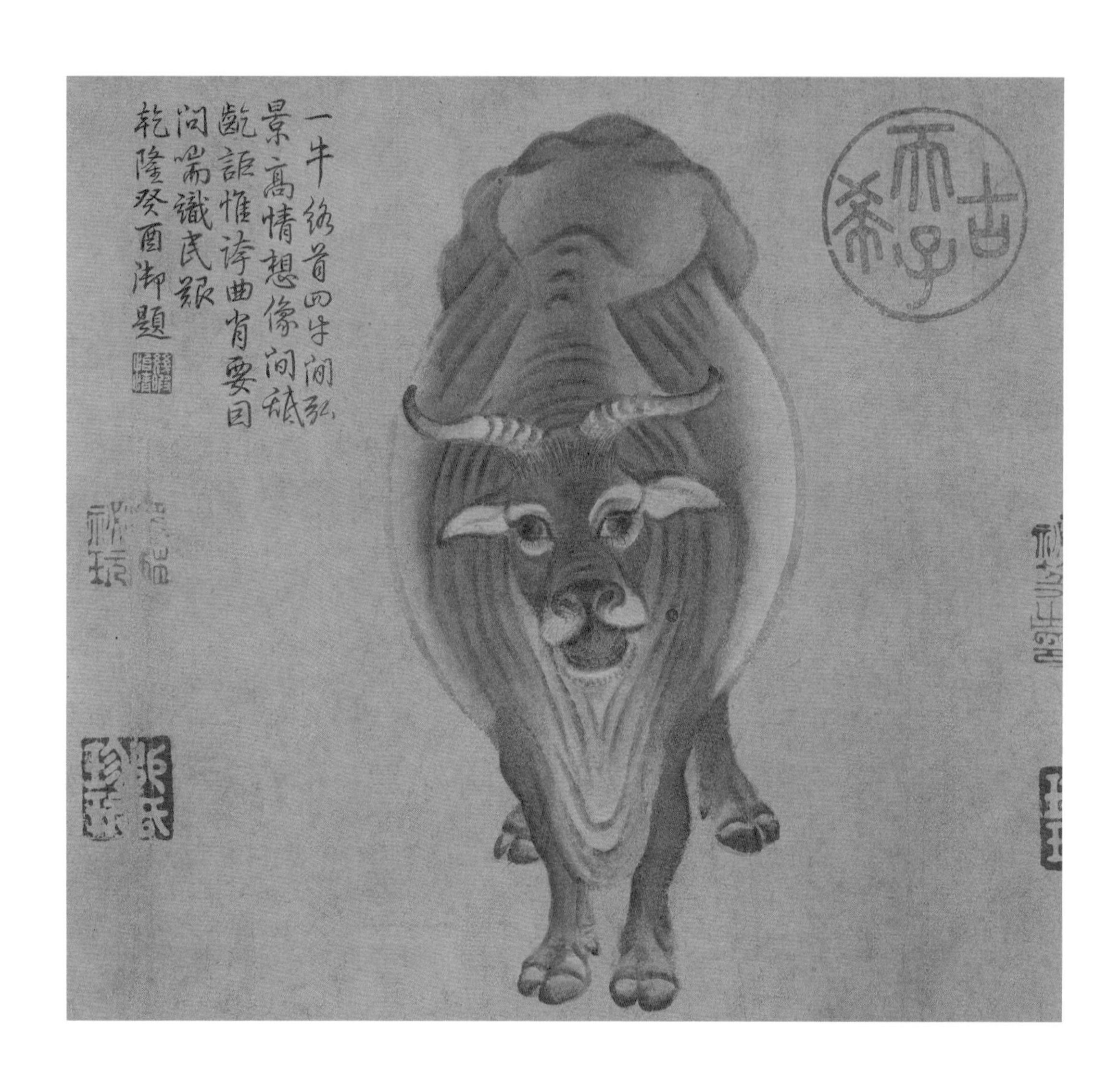

唐代韩滉《五牛图》（局部）

右將軍金紫光祿大夫王羲之書 十一[illegible]
贊
昭回于天垂英光躍穎歷籀化大荒煙華淹襆
動彷徉一噫万古稱天章鸞奔蛇鶩鵠序行洞
天九九道密陽茫茫十二小劫長靈光神訶命[illegible]藏
癸未歲太常玉堂手裝
左司郎中黃詰
隋珠荊玉爛生光際天蟠地射八荒嗟哉一
見猶激昂而況好古真元章不買金釵十二
行以彼易此歸華陽天公六丁氣饒長雷電
取去宜深藏 職方郎中劉涇
晉人代天發幽光手生蒼華秀蕪荒万夫
蛇蚓謝軒昂斷是龍鼓五色章大珠自照
玉箸行即跋翁受交混茫茫其敬識神理
長不昇正眼非歸藏 承議郎薛紹彭
寶晉不空來夜光滄浪一濯卿治荒至寶無價
誰低昂懷光押尾開元章楷字不見褚景行
永和歲月今茫茫傳至太平隨世長金題玉躞
重珍藏 劉涇
金十五萬一色光平生好奇非破荒神明相還
兒昂昂[illegible]寶章曉趁大庭動[illegible]
行但笑不与見者忙北窗卷舒日長何必
絕人洗而藏 紹彭
晉大司馬至洛陽威略已著摧破羌聲馳
江左傳國光右軍筆陣爭堂堂妙用作意
驅俊鋭鸞鴻乍起游龍翔仁祖無奕烏
衣郎掛名藺表流遺芳闡光散落王涯
藏聽翻飛動茂密行[illegible]開鑒賞盛

北宋米芾《破羌帖跋》

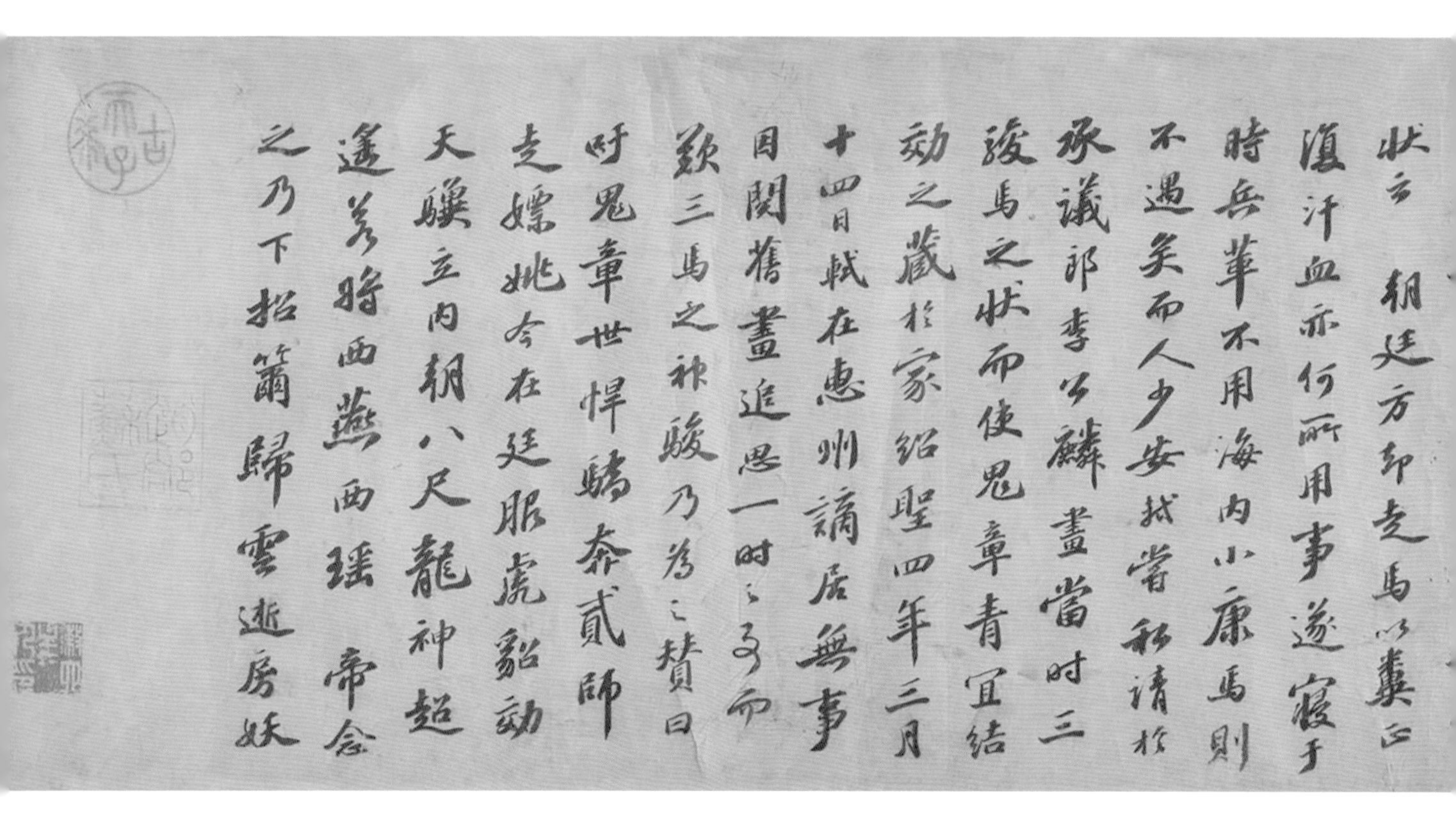
狀云　朝廷方卻走馬以糞正
復汗血亦何所用事遂寢于
時兵革不用海內小康馬則
不遇矣而人少安軾嘗私請於
承議郎李公麟畫當时三
駿馬之狀而使鬼章青宜結
効之藏於家紹聖四年三月
十四日軾在惠州謫居無事
閱舊畫追思一时之事而
歎三馬之神駿乃為之贊曰
吁鬼章世悍驕奔貳師
走嫖姚今在廷服虎貔動
天驥立內朝八尺龍神超
遙若將西燕西瑤帝念
之乃下招箫歸雲逝房妖

北宋苏轼《三马图赞》

宋末元初钱选《秋瓜图》

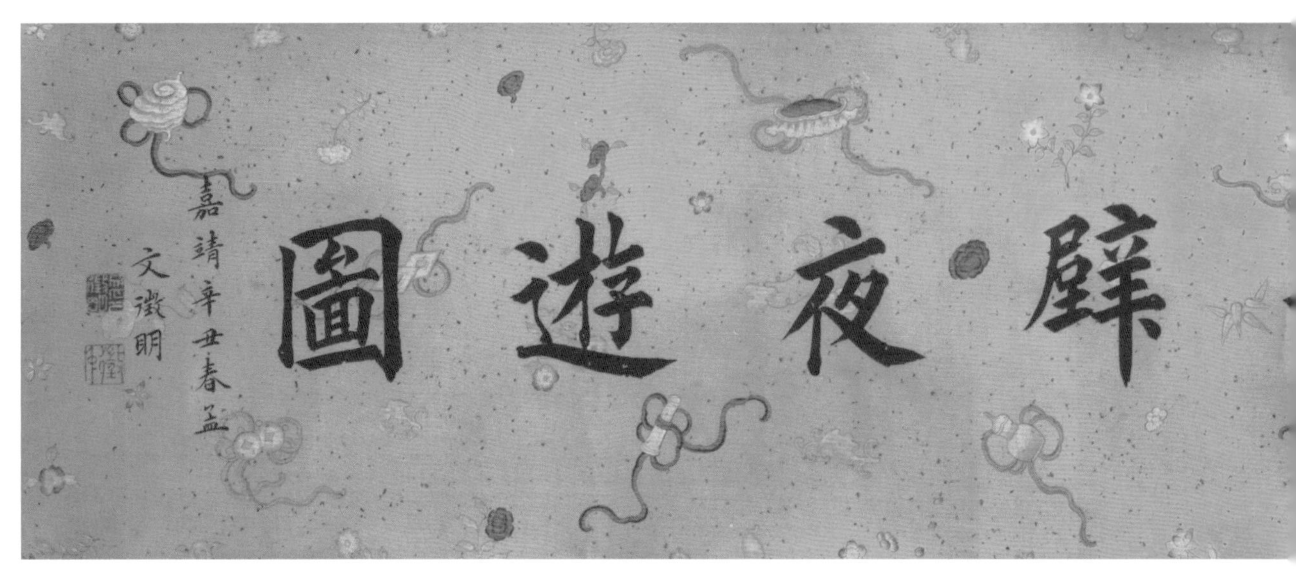

明代文徵明《赤壁夜游图》手卷引首

清乾隆年间仿澄心堂鸽鹁灰地描金山水蜡笺

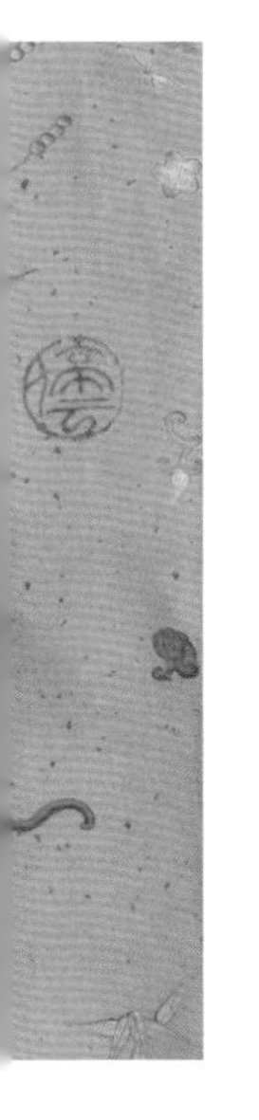

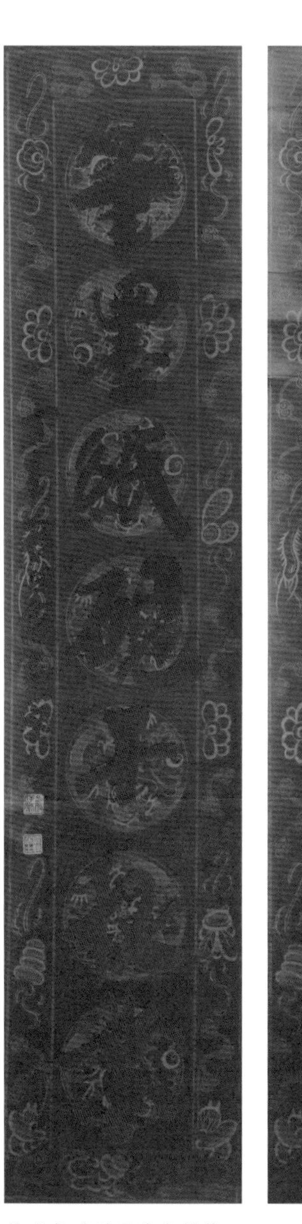

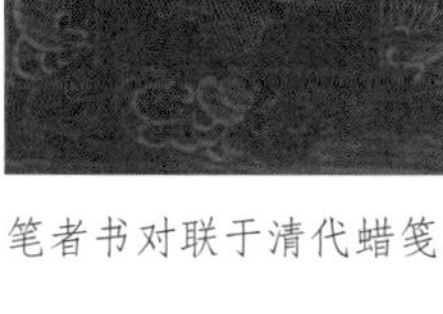

笔者书对联于清代蜡笺

到了元代，纸本绘画代替绢本成为了画坛的主流，钱选、赵孟頫及“元四家”（黄公望、吴镇、王蒙、倪瓒）的现存作品大多为纸本。赵孟頫还主张“书画同源”，以书入画，由此确立不同于两宋院画“写实”格法的文人画“写意”体制。书画纸并没有专用纸，完全随着画家的用笔需求而制。当时常用的书画纸有彩色粉笺、蜡笺、花笺等。

明清时期，蜡笺在绘画领域的应用就更为丰富多样。宣纸上的蜡笺工艺在进入清代以后，尤其受到书画家们的垂青。清代书画家人数众多，各式各样的书画作品存世量极大。从存世的书画作品本身也可以看出清代书画用纸的多样和考究。特别是乾隆时期的作品，即使非宫廷所用，也一样用料考究、制作精良。

三 | 蜡笺之于书画衍生品

清代刘墉行书《节录晋书语》

蜡笺在书画装裱的衍生品上多有应用，使作品显得更为华丽高雅。

▶▶ 册页

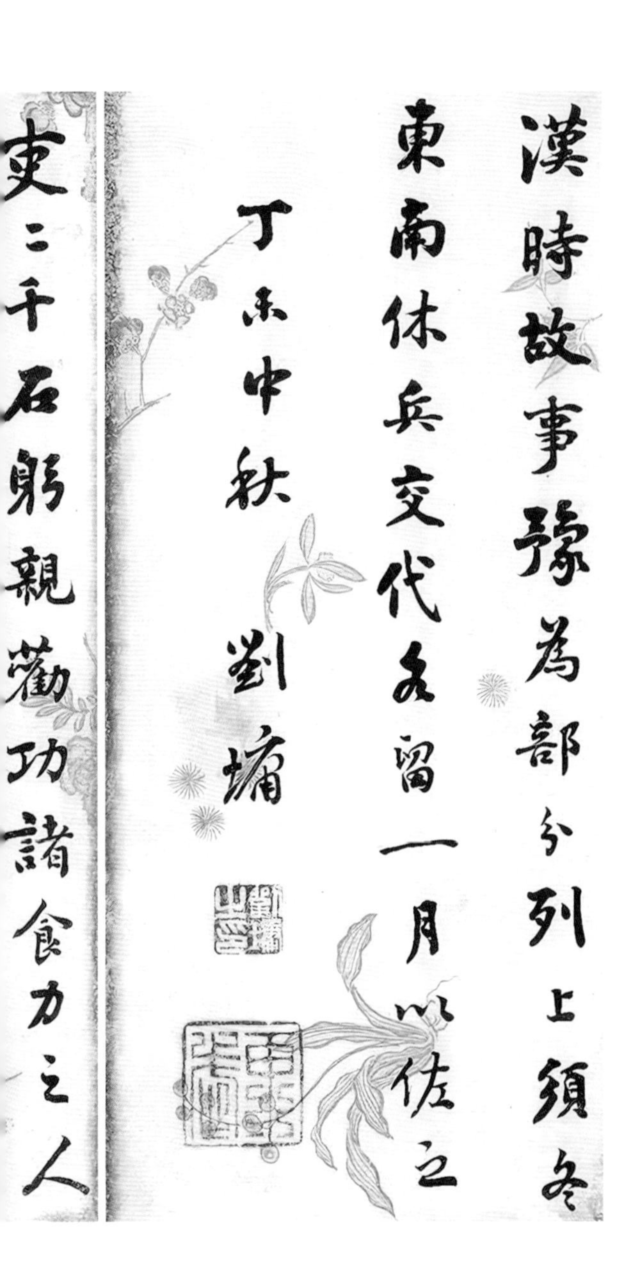

册页是中国传统的装裱款式之一，也是古代书籍装帧传统形制中的一种。册页的内容是多种多样的，如一些小幅面的书画小品、书画扇面、名人信札和古人留下来的各类“帖”“柬”等墨迹及各种拓片等，都适于以册页形式装裱起来，既便于随手展阅欣赏，又利于长期收藏。蜡笺技艺主要用于册页内画心或题跋的部分。

清代书法家刘墉的行书作品《节录晋书语》以及《临古帖》，使用的都是蜡笺。《节录晋书语》为七开十四页册页，用描金花卉蜡笺。《临古帖》为十一开二十二页册页，用洒金笺。刘墉是帖学之集大成者，被世人称为“浓墨宰相”。他的书法，貌丰骨劲，笔短意长，味厚神藏，具有雍容端庄的风骨，书体丰润圆柔，章法规整疏朗，墨色深浓沉郁，笔画粗细随宜。要承接住这种笔法，对笔墨纸砚的要求绝非一般。蜡笺很好地展示了刘墉书法浑厚、雍容的气息，及其学古能变、含蓄静穆的风貌，每个字自成回合，劲气内敛，且字与字之间的呼应关系处理得恰到好处，参差错落，枯润相映，达到了以稚拙求生动的境界。

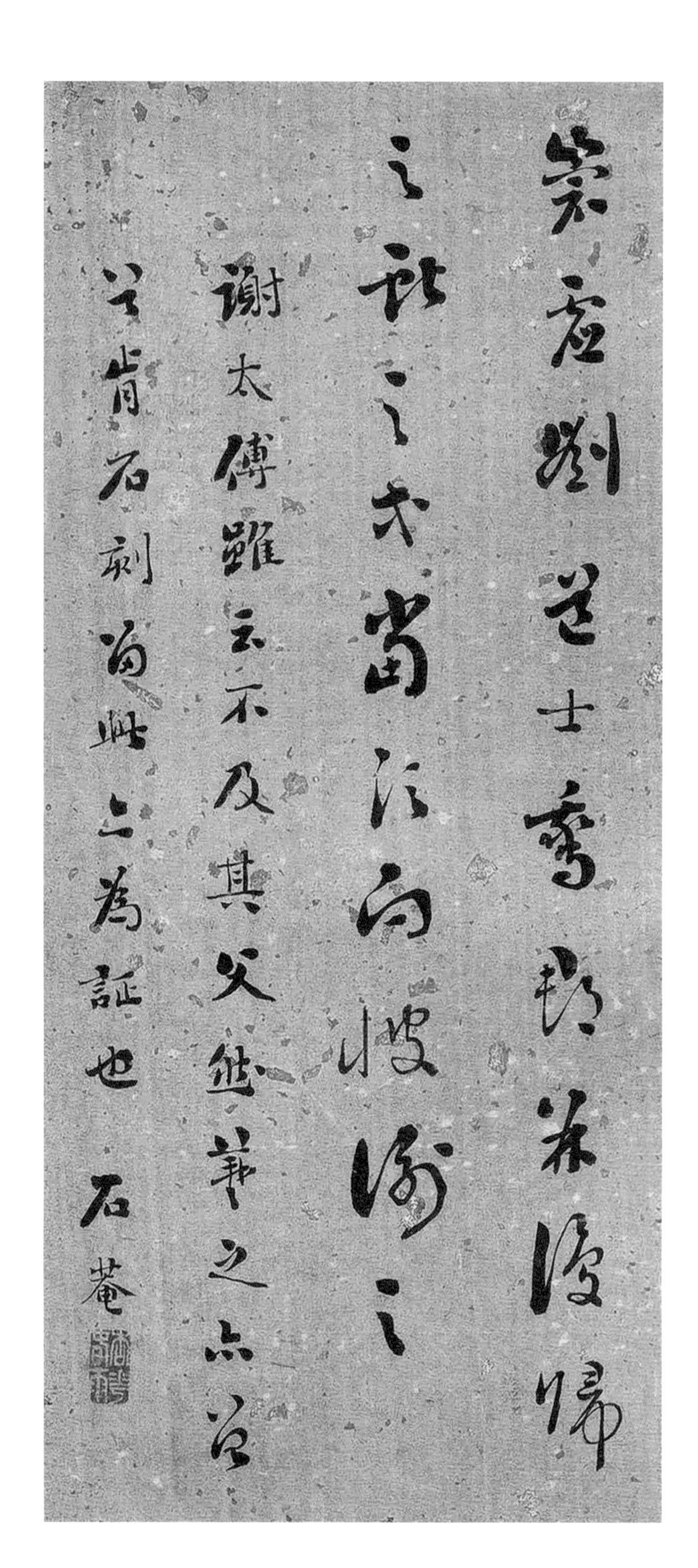

清代刘墉行书《临古帖》

▸▸ 手卷

书画卷轴中，手卷的装裱工艺质量要求较高。从尺寸上看，比较短的手卷一般也有八、九米，长的能达到二十米以上。它的高度一般在三十到五十厘米之间。从南宋开始，一般手卷的高度皆为将近三十厘米，至今手卷的尺寸也大概如此。手卷把书画装裱成卷子，即书画横幅之长者，不适合悬挂，只可舒卷，尺寸有大有小，不仅便于案头展阅和临摹，而且适于保管，可延长书画的寿命。各时代的手卷形制不尽相同，

蜡笺绢本手卷《郎世宁粉彩器卷》

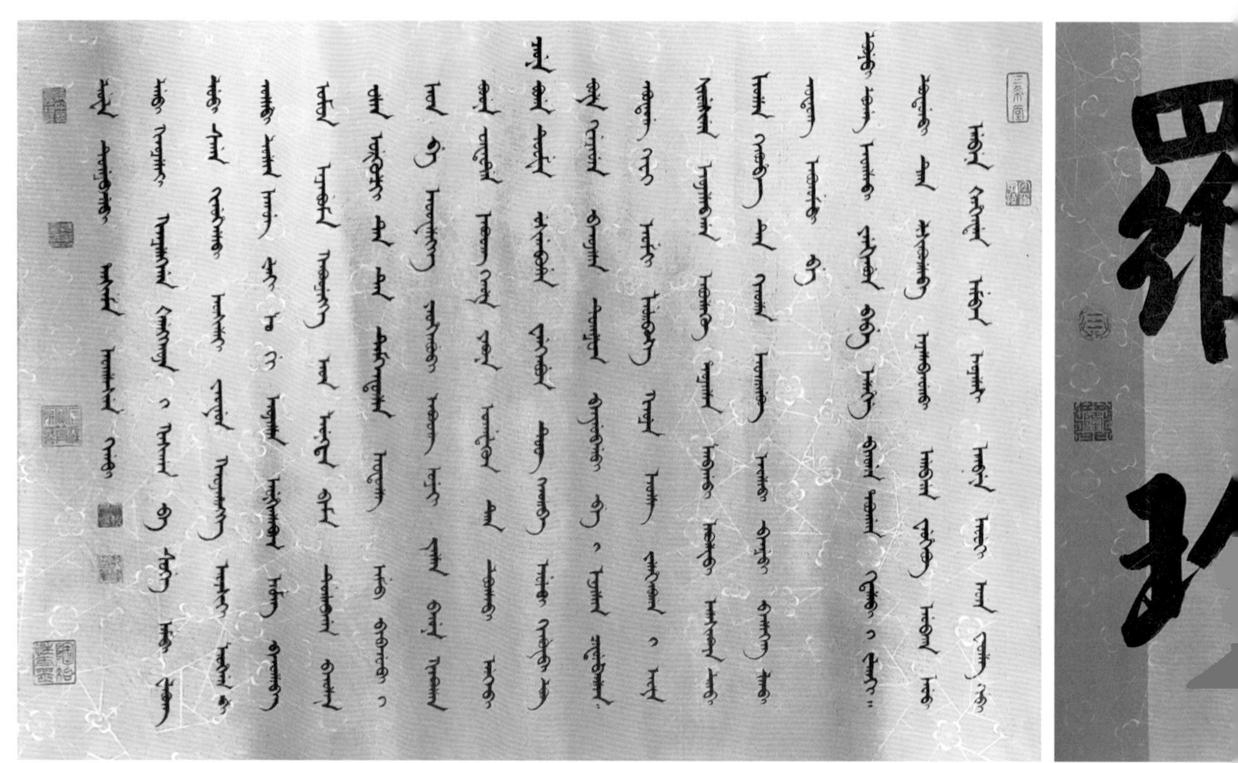

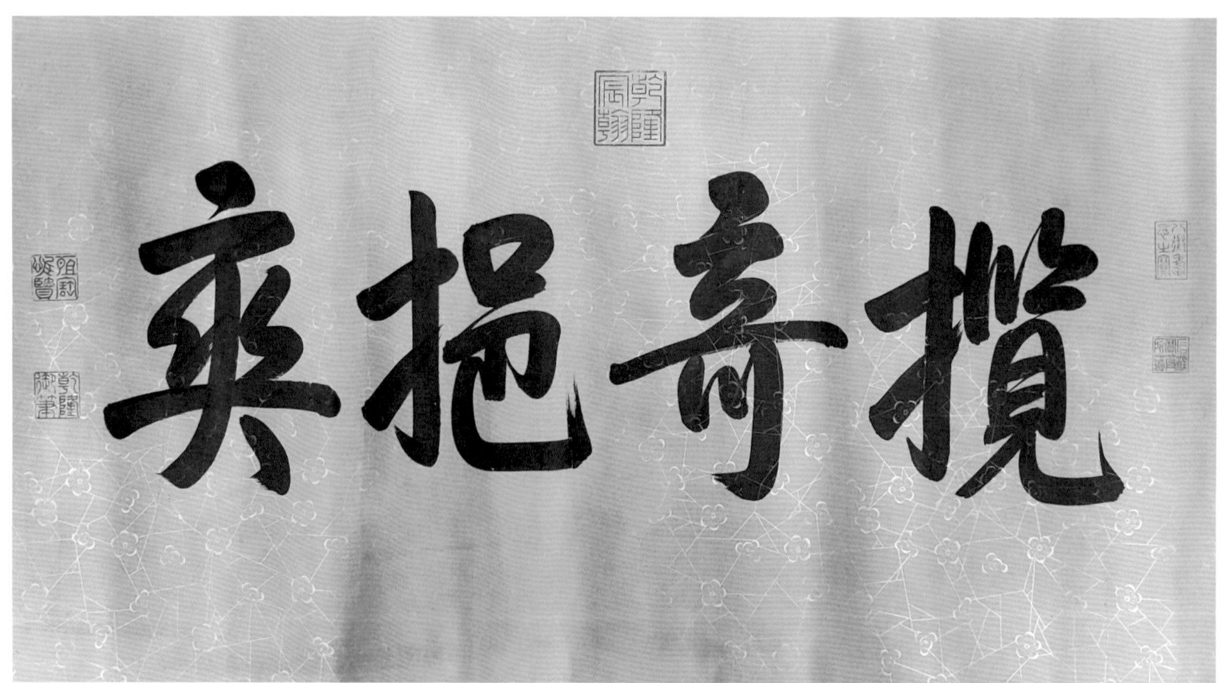

《郎世宁粉彩器卷》《郎世宁青花瓷器精品卷》（局部）

明清以来常见的格式，主要由“天头”“引首”“画心”“尾纸”等四部分组成。除引首（一般用锦或绢裱成）外，其他可适用各类书画加工纸。而蜡笺可运用在主干的四部分中。

如清代《郎世宁粉彩器卷》及《郎世宁青花瓷器精品卷》中，引首、尾纸中由乾隆帝亲题的“揽奇挹奕”“罗世珍宝”以及满文，都是写在明黄梅花玉版蜡笺上。可以从细节看出，乾隆帝善用浓墨，要使其书法 “乌、光、方”的特点显示出来，就必须使用上好的文房四宝。笔，用优质的鸡毫或羊毫，书写时柔软圆润，点画丰满，有庙堂气象。墨，蘸松烟墨，写出来黑得发亮。纸，必须书写流畅，不能在书写过程中出现“扫帚纹”——那就非蜡笺莫属了。蜡笺的富丽精工，恰与手卷中书画的典雅清穆相得益彰。

锦龙堂磁青抄经手卷

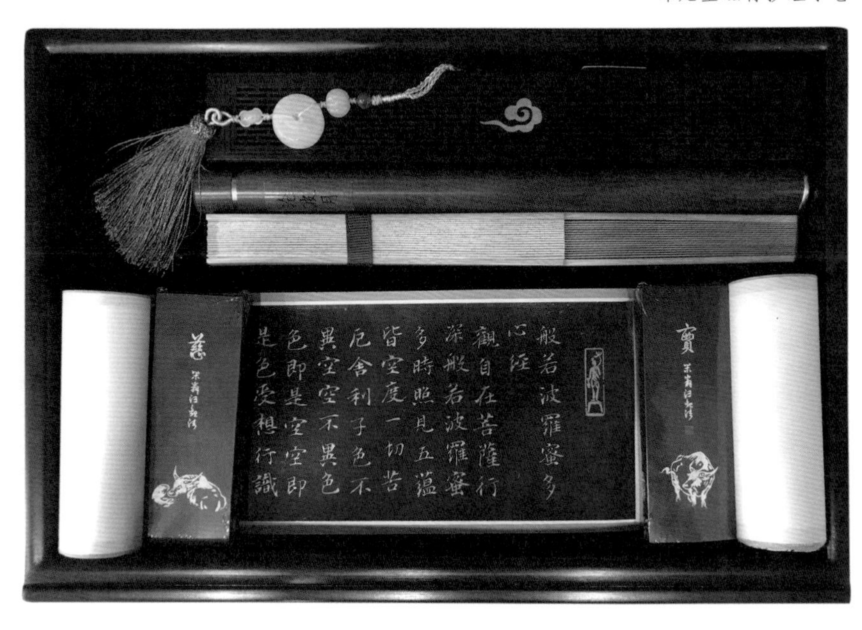

▸▸ 扇面

顾名思义，扇面就是扇子形状的纸面（或绢面）。在中国历史上，以扇面书画抒情达意，也是一种常见的创作方式。一般扇面分为折扇面和团扇面，可制成扇子，亦可装裱成册页等，作为平面字画来欣赏。

团扇面有圆形、椭圆形等多种形状。折扇面上宽下窄，呈弧形。折扇在宋代从日本传入中国。明成祖朱棣非常喜爱朝鲜国进献的折扇，认为其卷舒方便，遂命内廷工匠仿造，除宫中使用外，还将其赐予臣下。于是折扇很快就风行全国，在民间也得到普遍使用了。扇子的制作工艺也愈来愈精妙，扇骨有竹、木、象牙、犀角、玳瑁等，扇面用纸可分为素面、蜡笺、泥金、洒金等。宫廷的推动、文人的喜爱，使折扇成为一种常见的书画载体。

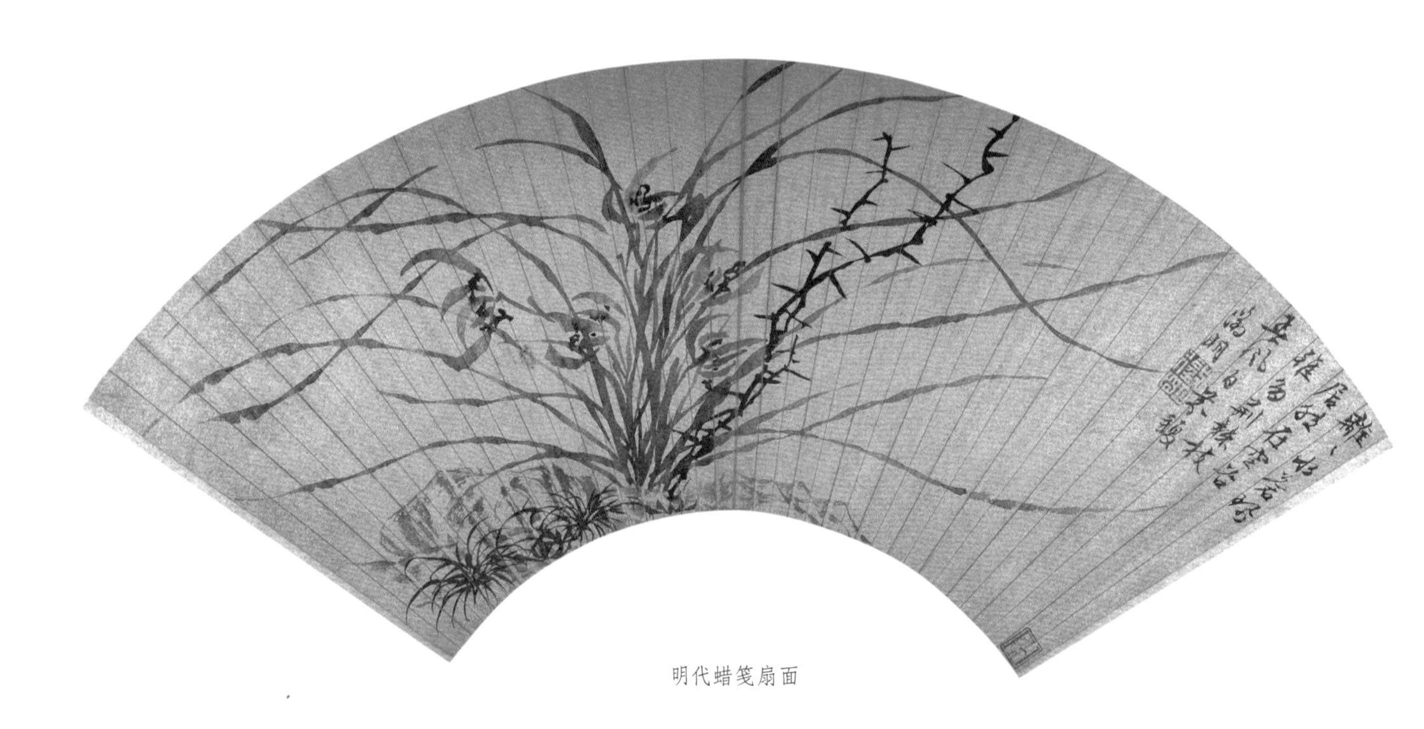

明代蜡笺扇面

清代泥金扇面

清代泥金扇面

第四章

蜡笺技艺的海派传承

宠辱不惊，闲看庭前花开花落；去留无意，漫随天外云卷云舒。

——【明】洪应明《菜根谭》

清代宫廷造纸工匠有不少出自皖南、江浙之地。北方的雍容与南方的精致在御用纸品的制作中和谐共存、相得益彰。江南匠人的细腻工艺，配上精严华丽、富于庙堂气象的眩目图案，使蜡笺本身就成为一件高贵典雅的工艺品。民国以后，战乱不断，民不聊生，传统造纸业更是因外来经济及文化的侵袭而自身难保，很多传统造纸工艺因此而荒废，各种传统加工纸工艺师也大有断代之忧。在民国时期，有大量西方劣纸涌入，当时看似影响不大，但百年之后，很多纸质文档资料开始风化，保存状况远远不及古代手工纸。值得一提的是，北方的战乱迫使一批宫廷匠人南下，加上南派手工纸制作本来也具有优势，南北融合之下，书画纸的加工技艺略有进步。

上海地处长江入海口，隔东海与日本九州岛相望，南濒杭州湾，北、西与江苏、浙江两省相接，拥有深厚的近现代城市文化底蕴和众多历史古迹。江南传统的吴越文化与西方传入的近现代工业文明相融合，形成上海独特的海派文化。海派文化既有江南文化的古典与雅致，又有国际大都市的现代与时尚，亦吸收了中国其他地域的文化，包容而又具有创新精神，开放而又自成一体。海派蜡笺技艺的传承在这片文化沃土上生根，自然有其必然性。

一 | 初代传承

笔者15岁时，有幸结识了苏派装裱大师钱少卿。钱少卿（1900—1983），字熙臣，江苏无锡人。14岁在无锡大市桥叶保大店内学习裱画。1925年赴广州陆军学校学习，1926年返上海，供职于新闻路两宜斋装裱店，1932年以后在苏沪间买卖字画。1942年在南市自办翰香阁装池店，并赴香港经营字画买卖。1956年上海人民美术出版社筹备建立木版水印室。1958年，木版水印室迁至衡山路，挂牌“朵云轩”。钱少卿受聘担任装裱技师，培养了一批海派装裱人才。他所负责装裱的《曹

周昉《簪花仕女图》

娥碑》《唐怀素论书帖》《唐张旭草书古诗四帖》《宋徽宗赵佶草书千字文》《周昉簪花仕女图》仿古手卷及一些木版水印画均属中华人民共和国成立后装裱工艺的珍品，获得业界专家的极高评价。他所修复的《清八大山人竹石孔雀图》《明文徵明青绿山水》以及极为破旧的绢画《元人货郎担》皆焕然一新，成为珍贵文物而被收藏。

笔者书画装裱及部分纸笺加工的技法大多出自钱老的带教。跟随钱老学艺的五年间，笔者接触到存世的古代书画加工纸，多为皮纸、宣纸、绢帛。在学习古画挖补、修复、接笔等技艺的过程中，笔者也摸透了历朝历代各类书画用纸的脾性。豆腐笺、蛋清笺、磁青笺、葛粉笺、虎皮笺、蜡笺、粉笺、泥金笺等，都有接触和目睹。年少时学艺，锤炼了基本功，而真正接触到蜡笺技艺，还是始于日本的游学经历。

1979年11月，笔者和钱少卿师苏州收画

二 | 二代传承

笔者1986年到1993年间游学日本，在日本书画界闯出些天地。最初游学一年后，笔者便在日本大阪以字画装裱和出售自己的书画为生。在20世纪80年代，日本处于黄金时期，其经济规模已赶超欧洲各国，成为仅次于美国的全球第二经济强国，在世界经济史上创造了奇迹。那时的日本文化产业蓬勃发展，在手工纸加工领域也博采众长。

笔者日本个人书画展

俞存栄 字翁 號龍潭居

1951年生
中國浙江省寧坡人
山水画を専攻
宋代の傳統技法を取入れる
中國2000年前の古陶器と
日本傳統のいけばなの手法を結合した
日中文化交流を顕示した油絵を展示

'91 4.3(水)—4.8(月)
(11:00AM—7:00PM)

GALLERY 線

笔者日本个人书画展

笔者与宇野雪村合影

笔者曾有一次走访日本著名书法家、文学家、收藏家宇野雪村先生，他喜好收藏各个时代的古墨和书画纸。在诸多藏纸中，他最喜爱出自中国清代宫廷的一张白色的龙纹描金蜡笺。他一直在寻找这类纸，然而访遍日本，却无人能制作。日本京都佛教会理事长、金阁寺住持有马赖底也是收藏爱好者，对蜡笺情有独钟，也曾经向笔者提及此类纸品，认为经文书写在蜡笺上，更显庄重。笔者虽然少时接触过这类工艺，但当时并不擅长制作。有马赖底长老甚至承诺，若能找到这种纸，

笔者与木村嘉彦合影

一定会长期购买，用于抄经。笔者的日本友人、书画收藏家木村嘉彦先生曾感叹说："你们中国大地上，应该也不会找到蜡笺了。"这句话让笔者陷入深思，不由想起跟着钱老学手艺时见过的种种蜡笺。中国传统文化博大精深，如果蜡笺技艺在我们这代人失传，太过可惜。笔者还注意到，日本当时的手工纸创新不断，以日本独特的原料和制作方法改良传统工艺，产生了具有日本文化特色的"四国和纸"，以及京都祥云堂草木色染楮皮纸等。但它们与中国传统手工技艺制作的纸相比，差距还是很大。何不尝试回国找一找呢？如果有可能，把这个手艺继承下来，那是更佳了。

1993年，笔者回国后，走访了上海朵云轩、安徽泾县等地，与当年宫廷技艺相当的蜡笺确实寻而不得。钱少卿师傅已离开十年，再寻何人教授手艺也是个问题。走访朵云轩时，笔者寻得当年跟着钱老一起学艺的师兄刘荣虎，从他的叙述中，又回想起了另一位制纸师傅——魏克锦。魏克锦（1917—2008），上海工艺美术厂高级工艺师，曾在地方国营上海染纸厂工作，主要研究古法宣纸的制作工艺，熟练掌握洒金蜡笺及其他各类纸笺的制作工艺，曾担任朵云轩制纸工艺导师，早年协同老前辈钱少卿共同钻研古法染绢、制纸工艺，为国宝级书法和绘画的研究立下汗马功劳。这次拜师的过程较为坎坷，1993年的魏老已经

序 言

在党和領导的指示下为了彙集历来我厂职工对染紙方面各色品种和配料等的技術历史資料以作今后技術档案特由我厂职工胡德林曾天宝陈裕长魏克錦經继璟柏实荣陶金虎王家毅等同志經数日的努力克服困难彙集了过去所有品种材料配方和样本共40本

又承上海市联合紙品厂的大力支援編印成册我們感謝联合厂的协助及向我厂职工参加这一工作的同志致

革命敬礼

地方国营上海染紙厂

公历1960年6月启

地方国营上海染纸厂名册

笔者与魏克锦合影

退休多年，身体也大不如前，感到再重操旧业、带徒弟可能力不从心。再者，蜡笺加工的工序繁复，又讲究温度湿度的变化，而且最大的问题是，所需的许多天然材料已经绝迹，再难完全恢复技艺。被婉拒三十次后，笔者并不气馁，第三十一次登门，与魏老深聊了一次。谈及与钱少卿前辈的师徒情谊时，魏老也回忆起当年在钱老的协助下制纸、修画的场景。最终，魏老还是答应了笔者的请求。是笔者的决心打动了他，更

笔者随魏克锦师学艺

重要的是，传统工艺不能丢的信念让他觉得，或许这一次，真的可以传承发扬。经过三个月的学习，基础的加工工序和技能已基本掌握，但制作出的蜡笺成品还是不如在日本看到的清代蜡笺。最关键的问题还是在于原料。但魏老年事已高，再请他出远门寻原料已不现实，最终还得依靠自己的钻研。

三 | 三代传承

五年光景，笔者在国内全身心投入蜡笺技艺的学习和研究，经历了种种艰难困苦，包括研究中突发急性病毒性心肌炎、夏日闷头苦干的多次中暑，无数个日夜的潜心探索之后，功夫不负有心人，终得回报。

1998年11月，日本相国寺、金阁寺、银阁寺三寺住持有马赖底莅临上海，进行佛教文化交流，除了上海佛教协会及有关领导陪同之外，特别邀请笔者随行。当他得知蜡笺技艺已经由笔者习得，甚是惊讶，亦充满欢喜。未想到当年一句话，真的促成了中国传统蜡笺技艺的传承。

笔者与有马赖底合影

万叶蜡笺新闻发布会

2000年1月，古法蜡笺制作工艺首次亮相上海万叶宣纸博览会，海派书画家刘一闻、高式熊、童衍方、刘小晴等试用笔者所制蜡笺后赞不绝口。试笔会后，笔者根据大家的用笔感受，再次进行工艺改进和新品类研发。

2001年5月，蜡笺在上海沪西工人俱乐部展出。

程十发题写锦龙堂堂号

中国古村镇大会蜡笺技艺展示

2005年，笔者取魏克锦师名字中的“锦”字与笔者别号“龙潭居士”的“龙”字，创立“锦龙堂”。经过十多年耕耘，锦龙堂的蜡笺技艺凭着口口相传，在海派书画界占有了一席之地。

2016年9月，锦龙堂受邀参加在山东滨州举行的第二届中国古村镇大会，向外国友人展示了蜡笺的制作工艺，赢得了中外众多专家、学者的一致好评。

2017年4月，锦龙堂参加在北京展览馆举行的第39届全国文房四宝艺术博览会。时任中国美术协会副主席何家英、中国美术学院教授林海钟、上海中国画院副院长韩天衡、国家一级美术师童衍方等书画界翘楚在试笔蜡笺后赞叹不已。

第39届全国文房四宝艺术博览会锦龙堂展区

2018年，“蜡笺制作技艺”申报上海市非物质文化遗产，次年被列入上海市非物质文化遗产名录，笔者亦获评非物质文化遗产代表性传承人称号。

上海市非物质文化遗产“蜡笺制作技艺”牌匾

2018年6月，锦龙堂受松荫艺术之邀，赴台湾举办“字里金生——锦龙堂俞存荣先生仿古笺纸展”。9月，受邀参加新加坡“艺江南·江南百工”非物质文化遗产海外巡展。12月，锦龙堂制作的“九龙描金八尺蜡笺”在澳门人类非物质文化遗产暨古代艺术国际博览会获评唯一金奖。

錦龍堂 俞存榮先生
仿古箋紙展
2018
6.10 — 6.30

新加坡“艺江南·江南百工”非物质文化遗产海外巡展

澳门人类非物质文化遗产暨古代艺术国际博览会金奖

2019年起，锦龙堂每年受邀参加上海国际进口博览会非遗笔会及非遗客厅展出，六龙云纹蜡笺被上海档案馆永久收藏。

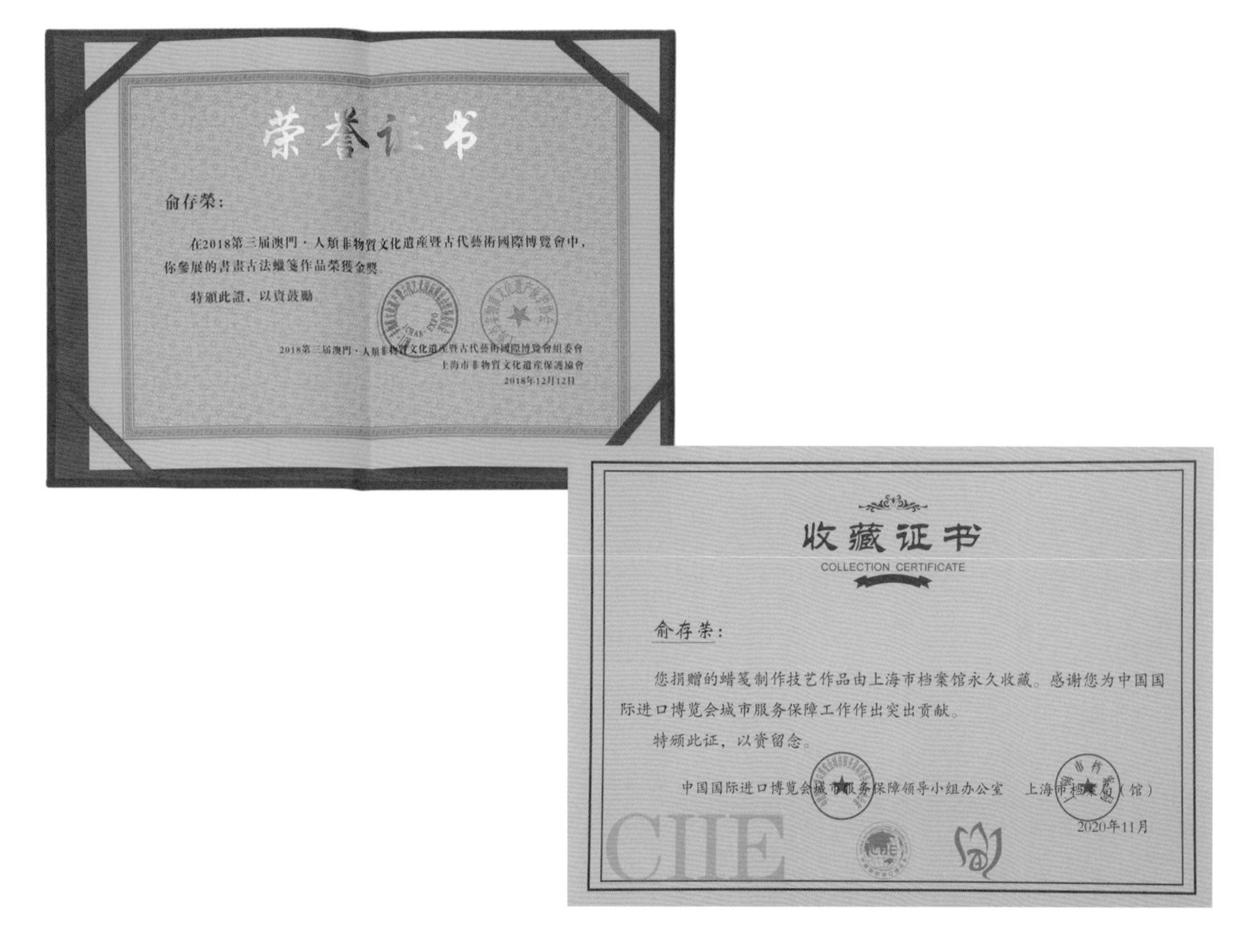

荣誉证书

俞存榮：

在2018第三届澳門·人類非物質文化遺產暨古代藝術國際博覽會中，你參展的書畫古法蠟箋作品榮獲金獎。

特頒此證，以資鼓勵。

2018第三届澳門·人類非物質文化遺產暨古代藝術國際博覽會組委會
上海市非物質文化遺產保護協會
2018年12月12日

收藏证书
COLLECTION CERTIFICATE

俞存荣：

您捐赠的蜡笺制作技艺作品由上海市档案馆永久收藏。感谢您为中国国际进口博览会城市服务保障工作作出突出贡献。

特颁此证，以资留念。

中国国际进口博览会城市服务保障领导小组办公室　上海市档案局（馆）
2020年11月

收藏证书

尊敬的俞存荣先生：

为庆祝新中国成立70周年，展望进博会美好未来，2019年10月13日下午，我们在国家会展中心（上海）4.2号馆举办“献礼祖国，奉献进博”主题笔会，感谢您应邀参加。您的书画《崎岘》等七幅作品已被国家会展中心（上海）合法收藏。

特发此证，谨致谢忱！

国家会展中心（上海）有限责任公司

澳门人类非物质文化遗产暨古代艺术国际博览会金奖证书及中国国际进口博览会收藏证书

2021年，锦龙堂陆续参加了“百年百艺·薪火相传”中国传统工艺邀请展、第七届“一带一路”名品展……近四十年甘于寂寞的坚持，一步一个脚印的毅力，让海派蜡笺技艺得以传承创新、推广发扬。

参展证书

证书编号：09-107

俞存荣 同志：

您的作品**六龙蜡笺宣纸描金立轴、花鸟金扇**参加了2021年6月12日-7月11日由文化和旅游部、上海市人民政府共同主办的“百年百艺·薪火相传”中国传统工艺邀请展。

特颁此证。

文化和旅游部非物质文化遗产司　上海市文化和旅游局

2021年7月

“百年百艺·薪火相传”中国传统工艺邀请展

Belt & Road
2021(第七届)一带一路名品展·上海
7th BELT & ROAD BRAND EXPO · SHANGHAI 2021

第七届“一带一路”名品展

2021年3月，“天工开物”非物质文化遗产精品展之“存荣·求新——俞存荣‘蜡笺制作技艺’成果暨艺术品收藏展”在上海城隍庙新藏宝楼举办。被誉为“纸中爱马仕”的蜡笺作品全线展示一月有余。许多文房爱好者与中华传统文化爱好者专程赶来，只为近距离一睹蜡笺的风采和这一传统技艺的复兴。这是“蜡笺制作技艺”被公布为上海市非物质文化遗产代表性项目之后，锦龙堂蜡笺作品的首次集中亮相，让文房与传统书画爱好者也对该技艺的传承寄予厚望。

说到传承，传统手工技艺只有规模化、体系化、科学化，方能谱系化有序传承。梯队建设方面，海派蜡笺制作技艺的核心骨干目前仅有四人，制作团队共十二人。因全手工制作，蜡笺产品尚未达到大规模量产。

“天工开物”非物质文化遗产精品展海报

存荣·求新——俞存荣“蜡笺制作技艺”成果暨艺术品收藏展现场及开幕式

四 | 传承团队介绍

俞存荣 别号龙潭居士，1951年5月生，上海市非物质文化遗产代表性项目“蜡笺制作技艺”的传承人。幼即酷爱丹青，书翰之余，独钟情传统造纸工艺。少年时拜在装裱大师钱少卿处学艺，在学习古书画修复装裱的过程中，饱览名家手迹，也摸透了历朝历代各类书画用纸的脾性；后又拜造纸师傅魏克锦为师，遍访名家，博采众长，每获旧笺即揣摩其样式工艺，精心研制。其所制之仿古泥金蜡笺、手绘梅花玉版笺及各式洒金蜡笺深得嘉许，声誉渐起于沪上，遍达全国书画界。其带领锦龙堂团队制作的描金姹紫九龙云纹八尺蜡笺（绢本）荣获2018年澳门人类非物质文化遗产暨古代艺术国际博览会金奖；2020年，其所制的描金青绿六龙云纹蜡笺（皮纸）被上海档案馆永久收藏。

金奖作品　描金姹紫九龙云纹蜡笺（绢本）

李小雪 1990年4月生。十几年跟随蜡笺制作技艺传承人俞存荣学艺，完全沉浸在日复一日、枯燥平凡的学习与研究中，熟练掌握纸笺制作技艺。2016年9月，在山东滨州举行的第二届中国古村镇大会现场，演示蜡笺制作的工艺流程。2018年12月，参加澳门人类非物质文化遗产暨古代艺术国际博览会，为锦龙堂团队荣获金奖立下汗马功劳。2022年，其制作的洒金蜡笺折扇被评为“海派生活”非遗衍生品一等奖。

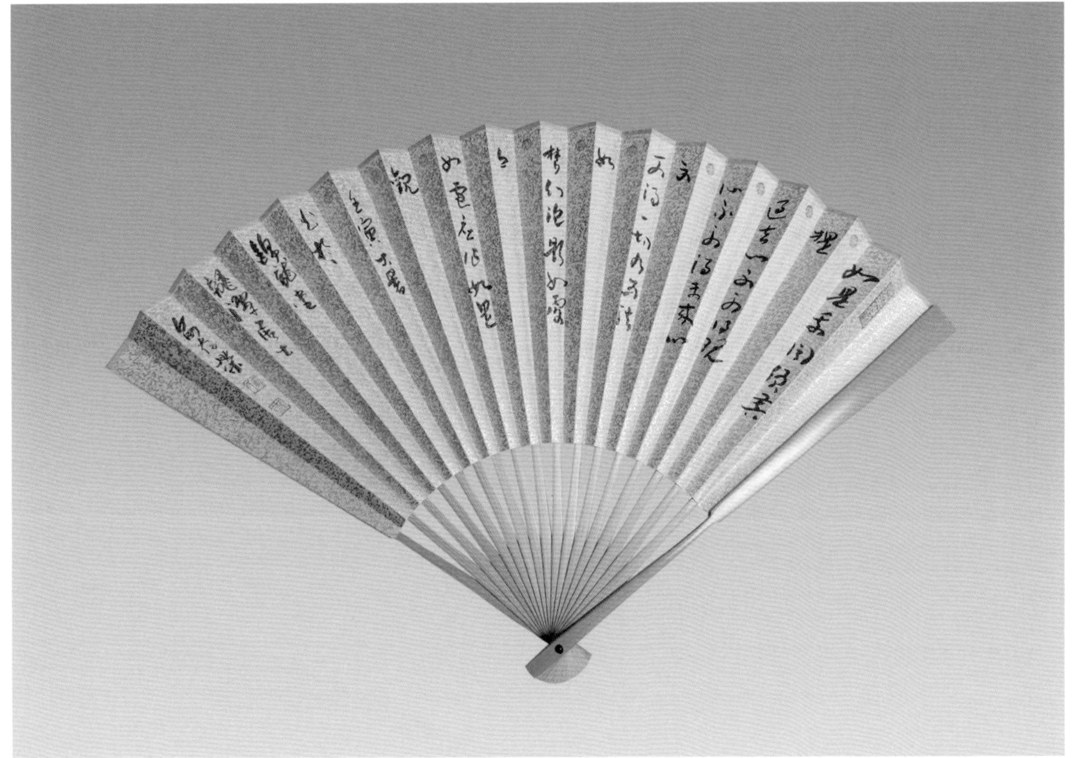

“海派生活”非遗衍生品征集评选活动一等奖　洒金蜡笺折扇

俞灵麟 别号韵昕，1982年3月生，上海交通大学公共管理硕士、中国社会科学院人文综合博士班在读（研究方向为海派蜡笺技艺的传承与创新）。蜡笺制作技艺传承人俞存荣之女。自小随父学习中国传统书画及文房四宝的收藏与鉴赏，对中国传统文化有一定研究，在蜡笺技艺的推广和制作材料的改进等方面努力创新，在俞存荣的指导下，与其先生李鹏共同研发虹光蜡笺等新品，开发符合市场需求的蜡笺衍生产品，并撰写蜡笺技艺教材等，从理论角度完善古法蜡笺制作技艺的历史传承和工艺流程。

锦龙堂新品虹光蜡笺

李鹏　别号若水，1978年3月生，毕业于上海同济大学环境工程专业。蜡笺制作技艺传承人俞存荣之婿。结合所学专业，改良蜡笺制作中的水处理相关工艺，特别是在水源净化、山泉水替代工艺等研究中贡献良多。在虹光蜡笺研发过程中，独创水雾染色工艺，是其在蜡笺制作的突破性创新方面的重要探索。

汤正俭　斋号文珍阁，1958年3月生。曾拜书法大家瞿心安先生为师，并受到刘小晴、车鹏飞、张森等诸多名家指点。习书之余，也曾受教于锦龙堂主俞存荣先生，尤其擅长展会策划及高档酒店、住宅居家环境的艺术作品布置及创意设计，多次参与国家级展馆举办的艺术展的策划布展活动。

应逸翔 字远翥，号山阴士，1988年6月生，华东师范大学文学硕士。跟随蜡笺制作技艺传承人俞存荣学习制笺工艺。其研究领域包括青少年书画教学、非遗文房四宝制作与传承、书法心理学等。为上海市书法家协会会员，积极传播中国书法艺术和宣纸制作技艺。2019年被上海市书法家协会授予“优秀书法导师”称号。在海派蜡笺技艺的社会传播、文创跨界、新媒体推广方面贡献突出。

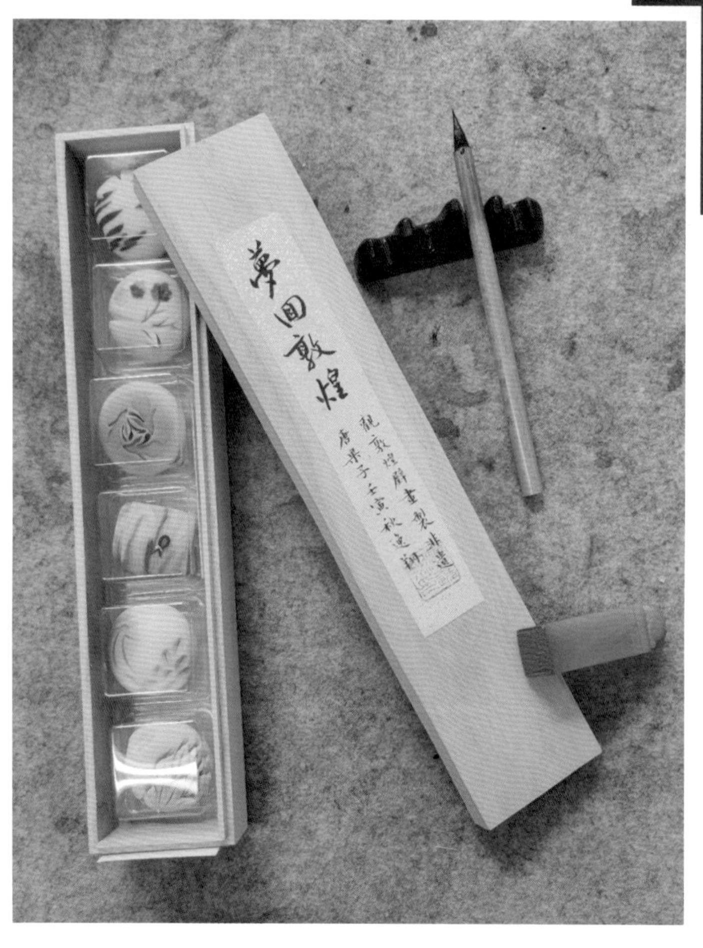

蜡笺与宋代糖果子工艺结合

第五章 海派蜡笺技艺的制作流程

古之立大事者，不惟有超世之才，亦必有坚忍不拔之志。

——【宋】苏轼《晁错论》

海派书画在清末民初之际，与陈宝琛、沈曾植、张謇、陈三立、朱祖谋、康有为、曾熙、李瑞清、张元济等来自清廷、退居上海的名臣、大吏、鸿儒不期而遇，而改朝换代的时代洪流又挟带着他们自觉或不自觉地汇入了这个新崛起的艺术流派。历史为海派书画提供了厚积薄发的契机和创造辉煌的平台。这些真正意义上"大师中的大师，名流中的名流"具有精深的艺术造诣、较高的社会地位和良好的社会声誉，不仅在笔墨创作、风格打造、流派传承上作出了杰出的贡献，而且为日后张大千、刘海粟、徐悲鸿、吴昌硕、谢稚柳等一批大师级书画家的涌现奠定了基石。

古法书画蜡笺制作技艺植根于海派文化兼容并包的氛围，精益求精，博采众长，随着海派书画艺术品质的提升而开拓创新。当代海派蜡笺技艺是否能还原明清鼎盛时期的工艺，主要取决于制作原料、加工工艺、制作者的经验，这些因素缺一不可。但由于时代变迁，有些材料已经绝迹，有些工具有了更好的替代品，而经验，唯有通过实践历练才能获得。

一 | 海派蜡笺的制作材料

▶▶ 底胚材质

1. 皮纸

明清时期造纸以皮纸为多。当时江西是全国主要产纸地区，而原料也是来自五湖四海。万历二十五年（1597年）刊行的《江西省大志》中，陆万垓增补的一卷《楮书》专门记载了广信府（治今江西上饶，辖境相当今贵溪市以东的信江流域）的造纸生产及管理。广信府明初造纸所用原料楮皮（构皮）来自湖广省（今湖北），抄纸用的纸帘来自徽州府和浙江，竹纤维来自福建，都由徽州府和浙江安吉州的商贩长途贩运到江

皮纸、宣纸、绢帛——三种底胚材料对比图

云南孟定傣族

白棉纸的制作

西的加工工场。关于其中的主要原料楮皮，按照当时生长的湿度、温度来看，对应当今植被的生长环境，笔者考察了贵州、云南、浙江、安徽等地，最终在云南省临沧市耿马傣族佤族自治县孟定镇芒团傣族的皮纸和贵州省黔东南苗族侗族自治州丹寨县石桥村的皮纸中进行挑选。

芒团傣族六百多年来一直保留着最为简单、原始和传统的构树皮手工造纸工艺。构树皮需经过浸泡、蒸煮、捣浆、抄纸、晒纸等十一道繁杂的手工工序方能制成白棉纸，极其考验耐心、细心和精准度。由于地处亚热带季风性气候区，这座位于中缅边境的小城镇四季如夏，那里用构树皮生产的白棉纸与普通木浆纸相比，防虫防蛀，力撕不破，且无污染、无异味。2006年，芒团古法造纸工艺被评为全国首批非物质文化遗产。

贵州丹寨的石桥皮纸制作技艺也是古法祖传，同样于2006年获评全国首批非物质文化遗产。笔者多次拜访其代表性传承人王兴武，他出身传统造纸世家，是第十八代传人，他们所在的石桥村素来被誉为“中国国纸之乡”。石桥村的白皮纸生产有着悠久的历史，其苗族先民以当地原料结合汉族的造纸术，取其精华而有所革新，最终制作出来的纸张经历了朝代更迭、经历了时间的浸泡却仍可保存完好。其工艺流程十分细致复杂，与《天工开物》中关于皮纸制造的记载相似，因此也被誉为我国古代造纸术的“活化石”。石桥村较为完整地保存了距今一千多年前的传统造纸工艺，所制的白皮纸洁白光润，细腻绵韧，可保存上千年，它的制作原料选用的是当地盛产的构皮麻（即构树），纤维均匀细密，成浆率高，适于制作高级书画用纸、古籍修复用纸等。鉴于这种纸天然偏白的颜色、手工技艺的质感和传统工艺的保存度，锦龙堂最终选择了丹寨皮纸作为海派蜡笺的皮纸底胚。

贵州丹寨皮纸

锦龙堂蜡笺（皮纸）

贵州丹寨皮纸

2. 宣纸

宣纸的使用和生产在清代（特别是“康乾盛世”）达到巅峰。一方面，官府订制“榜纸”，重要文书档案或珍贵图书亦用宣纸书写或印刷，使其名声大扬，几乎到了妇幼皆知的程度。另一方面，水墨写意画、文人画获得大发展，书画鉴藏与创作活跃繁荣，从朝廷到民间都需要大量的宣纸。宣纸的主要原料是青檀皮和沙田稻草。青檀属榆科，落叶乔木，分布较广，从华北至华南地区，贵州、四川和西藏等地都有。它在安徽省南部许多地区（如泾县、南陵、黄山、石台、旌德、池州、宣城等）均有生长，其中以泾县一带青檀的树皮品质最佳。造宣纸所需的青檀“树皮”，不是取自树干，而是取自枝条。目前的宣纸主要以生长在泾县及周边地区、喀斯特山区丘陵地带的青檀树为原料。

锦龙堂使用的宣纸底胚也不同于一般宣纸。为了更好地复原古法工艺，二十世纪九十年代，笔者往返安徽泾县不下百次，为寻得合适的宣纸踏破铁鞋。要制作蜡笺，宣纸的配方非常关键。由于配方不同，普通宣纸不能施以蜡笺技艺。做蜡笺的纸前后要经过十八道工序，干了湿，湿了干，纸张没有足够的韧性和紧密性是不行的。笔者与魏克锦前辈反复研究，并潜心钻研、参考了古代宣纸的大量文献记载，在纸张的配方上不断尝试，一次又一次地修改和完善。精诚所至，泾县厂方亦深为感动，时任厂长周乃空为了研制出适合施以海派蜡笺技艺的宣纸，高度配合，积极研发。他曾表示：“传统工艺需要不断地延续，蜡笺技艺是我们老祖宗在宣纸加工上的进阶技术，如果因为宣纸不达标而制作不出来，那将是我们传统手工业的损失，只要有符合要求的配方，不计成本，一定制作出来。”在他们的大力支持下，锦龙堂研制出了一种高级定制宣纸——九龙云纹宣。此种宣纸是以二十五年陈青檀皮及草料加工而成。年份越久的青檀皮，韧劲越大，而这些材料也很难再觅得。当

宣纸加工制作步骤

时寻得的千余斤老青檀皮被一次性买断，按照笔者的配方要求制作成宣纸。宣纸的制作工艺同样较为复杂，基础制作方法之外，还需修正部分配方和工时，共有十八道工序：

一是将青檀枝条扎成小捆；二是放入锅内，用清水蒸煮五到七个小时；三是取出檀皮并进行捶打，扯成细丝，青皮纷纷脱落，务使其尽去；四是将皮料扎成捆，在水池中沤制半月左右；五是再将皮料捆起，以石灰浆浸之，堆置一个月，使浆汁浸透皮料；六是将浸有石灰浆的皮料成捆地放入锅中蒸煮；七是煮后取出，放河水中漂洗，边洗边用脚踩动，以除去杂质；八是将洗后的皮料摊放在河边或山坡上，任烈日暴晒或雨淋，为时三至六个月，使之自然漂白，随时翻动；九是将漂白后的物料取回，水洗，仔细剔除其上的有色物及其余杂物；十是将物料反复捣细成泥，边捣边翻动，尽量捣匀；十一是将捣匀后的物料放在布袋内，在流水中漂洗，边洗边揉动；十二是将洗净的白料放入纸槽中，注入山间泉水，搅匀，制成纸浆；十三是在纸浆中加入杨桃藤、毛冬青等植物黏液作为纸药，搅匀；十四是用纸帘从纸槽中捞纸（根据纸的大小，可有二人或四人或更多人同时举帘操作）；十五是湿纸捞出并滤水后，在

案板上层层叠在一起；十六是将叠在一起的湿纸压榨去水，静置过夜；十七是将去水的半干纸逐张揭下，用毛刷摊放在火墙上烘干；十八是烘干后，从墙上取下纸，逐张堆齐，切平四边，以百张为一刀。“九龙云纹宣”在这些步骤之上又增加了蒸煮的时间和晒洗的次数，历时更长，使纸张的韧劲更足。

“九龙云纹宣”之名，是来自这批宣纸的纸帘上织出的九条云龙图案。宣纸上的帘纹为抄纸竹帘遗留的痕迹，如果在竹帘上织出图案，则抄纸时就会在宣纸上留下类似水印的纹路。此帘的制作工艺也是一个创举。宣纸织帘工匠历时半年，在八尺竹帘上手工编织出九条云龙（图案为锦龙堂原创提供，独此一家）。以此帘抄纸，共生产出一万五千张宣纸，此后帘破料尽，再无此纸。

上海市收藏鉴赏家协会会长、上海诗词学会副会长、中国作家协会会员陈鹏举先生专门为“九龙云纹宣”撰文，中国书法家协会学术委员会会员、《书法》杂志副主编、上海市文史研究馆馆员刘小晴先生以小楷书之。

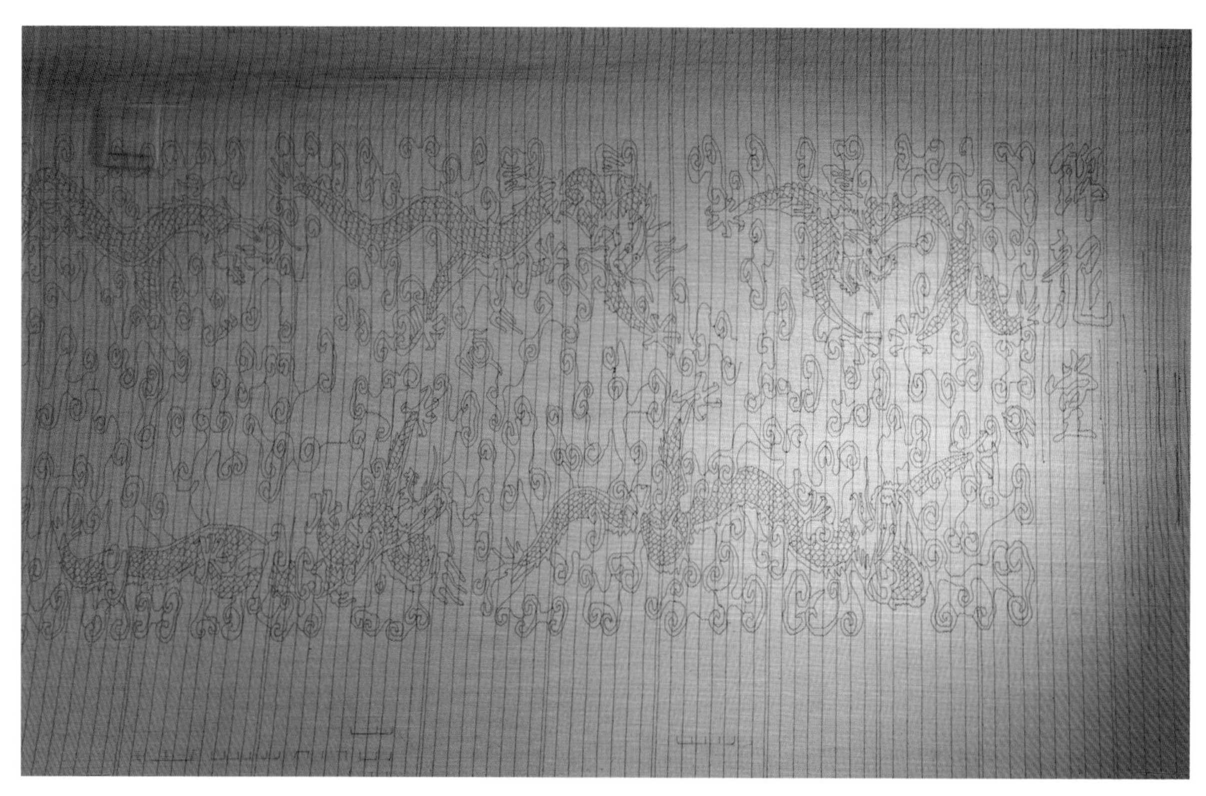

锦龙堂高定九龙织帘

陈鹏举撰、刘小晴书《九龙云纹宣》

锦龙堂主俞存荣首创九龙云纹宣，以古法配制，用二十五年前陈青檀皮及草料加工成上等宣纸，计一万余张，每幅长九尺，阔二尺，共耗青檀皮一千七百斤。

泾县制帘高手长贺五十天编就九龙捞纸竹帘，又延请捞纸高手，选用山涧活源之水，纯手工操作，九龙云纹宣始以问世。

此纸取故宫九龙壁之意，映日视之，九龙现于云纹之中，其性柔韧，光洁如玉，分外可爱，此真乃人间好纸也，程十发先生欣然为之题签。

今，取九幅之数合为一卷，公诸同好，足以寿千年而为识者所赏矣。

乙酉春日 陈鹏举 撰文

一瓢斋主 刘小晴 书

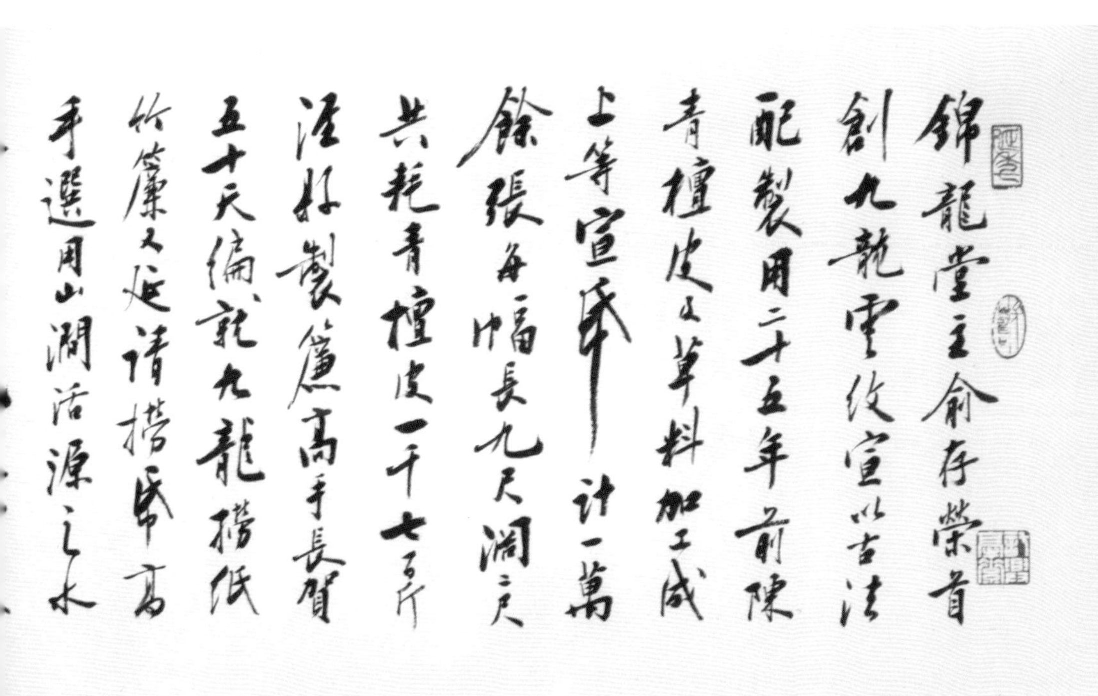

3. 绢帛

蚕丝、绢帛作为书画载体更早于纸张。早在西汉时期，“缣帛”作为一种质地细薄的丝织品，就被用来制衣、装饰、作画、书写文字等。但因其造价昂贵，并没有被普遍用作书画载体，所以才有“缣贵而简重，并不便于人”之说，往往由宫廷、官府用于发布文书、制作幡信、记功扬名、书写典册、创作绘画等。当纸发明出来以后，由于绢的生产工艺还是比纸复杂，其价格还是较纸为贵。绢本与纸本的区别在于：绢本在绘画上表现效果好一些，也比纸本更好保存,保存时间也更长一些。但绢本在装裱上难度比纸本大,容易起皱。对于古代画家来说，由于绢本的材质较贵，比较重要的画才会用绢本来画。从时代讲，宋以前的绢都比较细密，明代则相对较粗，而清代宫廷用绢却又十分精致。

米芾《画史》曰：“古画，至唐初皆生绢。至吴生、周昉、韩幹，后来皆以热汤半熟入粉，捶如银板，故作人物精彩入笔……张僧画、阎令画，世所存者皆生绢。南唐画皆粗绢，徐熙绢或如布。”赵希鹄《洞天清禄集》则云：“唐人画或用捣熟绢为之，然止是生捣，令丝褊不碍笔，非如今煮练加浆也。”可知唐代画绢中有的虽经捶捣，亦称“生绢”。宋代画院繁荣，工细富丽的“院体画”更需要细腻的画绢，而用绢质量之高，尤以“院绢”登峰造极。“院绢”多为“双丝绢”，即经线为两根一组，组间还空有单根丝的距离，单丝的纬线与经线交织时，每组经线的一根丝在纬线之上，另一根在纬线之下。传世的北宋院画如赵佶《瑞鹤图》、王希孟《千里江山图》、李唐《万壑松风图》等，都是“双丝”织法。而“独梭绢”应即单丝绢，用的是五代两宋以前的传统织法。

元绢似宋，宣州产独梭绢，嘉兴产“宓机绢”，材质优异，广受喜爱。《新增格古要论》言：“有宓机绢，极匀净厚密，是嘉兴府魏塘宓家，故名宓机，赵松雪、盛子昭、王若水多用此绢作画。”

明清对绢的后处理程序简化，多直接施胶矾。李衎《竹谱》卷一详载矾熟之法，言：“粘帧矾绢，本非画事，苟不得法，虽笔精墨妙，将无所施。”施矾的绢看似平滑，但易老化发黑、脆化裂断。书画家用绢的

宋代苏汉臣《秋庭戏婴图》（绢本）

精粗，可能由地域、阶层等诸多因素决定，不可一概而论，如苏州、湖州一带素产佳品，因此吴门画家如文徵明、唐寅、仇英等人所用的绢就相对细密精致。

另外，在书画的装裱中也会使用绫绢："花者为绫，素者为绢。"绢主要用于作画、作书。绫一般纯由熟丝织成，质地轻薄柔软，表面平整，富有光泽。绫主要用于装裱书画，装裱中主要体现在"托镶边"这个步骤中，绝大多数书画的镶边用的是染色后的绫绢或仿绫纸。

古代宫廷制作的蜡笺绢本数量稀少，留存现世的更不多见。2018年，日本关西某拍卖会上曾出现过清代龙纹七言二列红蜡笺。当代的手工纸制作中，将蜡笺技艺施以绢帛之上，也算是一种较少见的新尝试。笔者为了复原这项工艺，对绢帛也进行了一番考察，最终选择了湖州特制的一种矾绢。丝绸工业是湖州市的传统支柱产业，二十世纪九十年

清蜡笺绢本（2018年关西美术竞卖株式会社拍品）

锦龙堂蜡笺绢本

代初期湖州有90%以上的乡镇从事蚕桑生产，是全国重要的丝绸生产和出口基地。湖州的绢帛由纯桑蚕丝织制而成，素以轻如蝉翼、薄如晨雾、质地柔软、色泽光亮著称。相对于皮纸、宣纸，在绢帛上施以蜡笺技艺还是略有不同。为了保证绢本长时间不起皱、不发脆，需以古法工艺解决。锦龙堂所制的海派蜡笺绢本亦得到海派书画家们的认可，其价虽较之皮纸、宣纸更为昂贵，但依旧成为书画界的新宠。

染色颜料

中国传统文化是一脉相承的，琴棋书画、笔墨纸砚、梅兰竹菊、风花雪月、松柳荷雁……世间无物不宜心，绝代风流贯古今。海派蜡笺技艺对作品颜色的把握，主要取鉴于历代经典艺术品。笔者四十多年浸染于传统文化之中，对字画、瓷器的收藏已成为生活中不可或缺的一部分。锦龙堂蜡笺的用色最初源于清雍正十二色珐琅釉菊瓣盘，之后的仿古色彩衍生灵感均出自唐宋元明清时期的标志性艺术品。

说到传统色，怎么也离不开“五正色五间色”。五正色是人们相对熟悉的概念。《周礼·春官·大宗伯》讲礼器：“以玉作六器，以礼天地四方，以苍璧礼天，以黄琮礼地，以青圭礼东方，以赤璋礼南方，以白琥礼西方，以玄璜礼北方。”这段描述也解释了五正色“青、赤、白、黑、黄”与五方“东、南、西、北、中”的对应关系。关于五间色，人们相对陌生一点。日本江户时代学者杉原直养写过一本关于中国古色谱的专书——《彩雅》。这本书收词范围甚广，并且按照“五正色五间色”编目来记录汉籍文献中的颜色词，以青、赤、黄、白、黑为经，绿、红、骝黄、碧、紫为纬。这是迄今所见按照正间色编目的唯一色谱。在汉语中，同一色彩的表述也不尽相同，笔者尽量引用专业术语，尽可能还原和解读古法蜡笺的部分代表色系。这些颜色在融入海派多元文化之后，更呈现出一种大气之美。笔者对颜色的敏感和审美源于年轻时的启蒙老师——那些中国瓷器史上高峰期的官窑御器。在制作海派蜡笺的过程中，古代经典艺术品的色泽与蜡笺的色彩融会贯通，交相辉映。在下文的叙述中，笔者选择了部分艺术品的颜色，在对比中展现蜡笺用色的灵感之源①。

1. 清雍正十二色珐琅釉菊瓣盘

十二色菊瓣盘代表了清雍正时期最经典的颜色釉系列之一。笔者参考的是珐琅单色釉料十二色。纯粹的色泽，显示了优雅的气度，散发出浪漫的朦胧感。十二色菊瓣盘只会出现在雍正朝，一是因为从这个时

① 文中运用的颜色名称和注解主要参考了由中信出版集团出版，郭浩、李健明编著的《中国传统色：故宫里的色彩美学》一书。

清雍正十二色珐琅釉菊瓣盘

期开始，多种颜色釉烧制的工艺水平已经成熟，二是这一系列单色彩釉、珐琅彩釉，符合雍正皇帝对“极简、大雅、素静”之美情有独钟的个性。

朱草红描金龙纹蜡笺绢本

(1) 朱草红描金龙纹蜡笺绢本

朱草红，又名朱英、赪茎。春风至，甘雨降，王者盛德，生此红色瑞草。《汉书·东方朔传》云：“凤凰来集，麒麟在郊，甘露既降，朱草萌牙。”葛洪《抱朴子·金丹》云：“又和以朱草，一服之，能乘虚而行云。朱草状似小枣，栽长三四尺，枝叶皆赤，茎如珊瑚。”独孤及《贺栎阳县醴泉表》云：“彼丹井朱草，白麟赤雁，徒称太平之瑞，未闻功施于人。”

此色莹润如凝脂，质感稳重厚实，配上手描金、银云龙，更显华贵端严。

⑵ 姜黄色鱼籽金蜡笺宣纸

姜黄，亦称郁金。姜黄亦是一种可入药的姜科植物。苏敬等编撰的《新修本草》云："叶根都似郁金，花春生于根，与苗并出，夏花烂，无子。根有黄、青、白三色。其作之方法与郁金同尔。"李时珍《本草纲目》云："（姜黄）圆如蝉腹形者，为蝉肚郁金，并可染色。"赵瑾叔《本草诗》咏道："香浓宝鼎透金炉，片子姜黄产蜀都。莣药功分原有异，郁金形似岂无殊。"毛澄《饮西郊归作》诗云："漫空沙气蜀姜黄，一角高城漏日光。"

此色曾为皇家专用色，明媚动人，温厚朗润，清新明快。使用纯植物颜料上色九道，才能成色。

姜黄色鱼籽金蜡笺宣纸

⑶ 天水碧雪花金蜡笺皮纸

天水碧，天地始肃之转色。《五国故事》载：“天水碧，因煜之内人染碧，夕露于中庭，为露所染，其色特好，遂名之。”《宋史·南唐李氏世家》载：“又煜之妓妾尝染碧，经夕未收，会露下，其色愈鲜明，煜爱之。自是宫中竞收露水，染碧以衣之，谓之‘天水碧’。”欧阳修《渔家傲》词曰：“夜雨染成天水碧，朝阳借出胭脂色，欲落又开人共惜。”周密《闻鹊喜·吴山观涛》词云：“天水碧，染就一江秋色。鳌戴雪山龙起蛰，快风吹海立。”陈允平《香奁体》诗曰：“袂飘天水碧，裙溅郁金黄。”刘因《蔷薇》诗云：“色染女真黄，露凝天水碧。”

蓝绿之间，美丽而静谧，有流动之感，正是这种静水深流的氛围，在雪花金衬托下，更给人一种舒适和放松之感，这恰恰与雍正时期简素雅静的审美融合得天衣无缝。

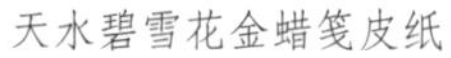

天水碧雪花金蜡笺皮纸

帝释青描金云龙蜡笺绢本

2. 明宣德高足杯

(1) 帝释青描金云龙蜡笺绢本

帝释青，亦称帝青、鹘青。玄应《一切经音义》曰：“帝青，梵言因陀罗尼罗目多，是帝释宝，亦作青色，以其最胜，故称帝释青。”因陀罗尼罗的字面原意是“帝释天神之靛蓝宝石”。陆游《采莲三首》诗云：“帝青天映麴尘波，时有游鱼动绿荷。”楼钥《题桃源王少卿占山亭》诗曰：“霜余远水呈天碧，雨过遥空现帝青。”魏了翁《和蒋成甫见贻生日韵》诗云：“窗外浮云卷帝青，腰闲流水卧青萍。”王夫之《广落花诗三十首》咏道：“祖绿帝青添几色，新阴还得醉双眸。”

此色如梦如幻，深邃如蓝宝石，却又平淡深沉，散发出沉稳冷冽的气息。

大繎红描金云龙蜡笺绢本

(2) 大繎红描金云龙蜡笺绢本

大繎，夏至之合色。史游《急就篇》有“烝栗绢绀缙红繎”一句，颜师古注曰：“烝栗，黄色，若烝孰之栗也。绢，生白缯，似缣而疏者也，一名鲜支。绀，青而赤色也。缙，浅赤色也。红，色赤而白也。繎者，红色之尤深，言若火之然也。”大繎，其色大开大合，如火如荼。

此色鲜艳夺目，具有强烈光泽感，独特的技法使之呈现出犹如明宣德时期宝石红釉一样精美的质感。

3. 南宋龙泉六角净瓶之扁青色雪花金蜡笺宣纸

扁青，中国画传统颜料，亦称大青，石青颜料之一种。张彦远《历代名画记》云："武陵水井之丹，磨嵯之沙，越嶲之空青，蔚之曾青，武昌之扁青，蜀郡之铅华，始兴之解锡，研炼、澄汰、深浅、轻重、精粗。"李时珍《本草纲目》云："（扁青）今之石青是矣，绘画家用之。其色青翠不渝，俗呼为大青。楚蜀诸处亦有之。而今货石青者，有天青、大青、西夷回回青、佛头青，种种不同，而回青尤贵。"刘克庄《四和》诗云："帝赐后村奎画在，作堂安用扁青涂？"

此色晶莹润彻，温柔如玉，微微泛蓝，质感犹如半透明青玉，又如南宋龙泉粉青釉，散发着神秘的气息。

扁青色雪花金蜡笺宣纸

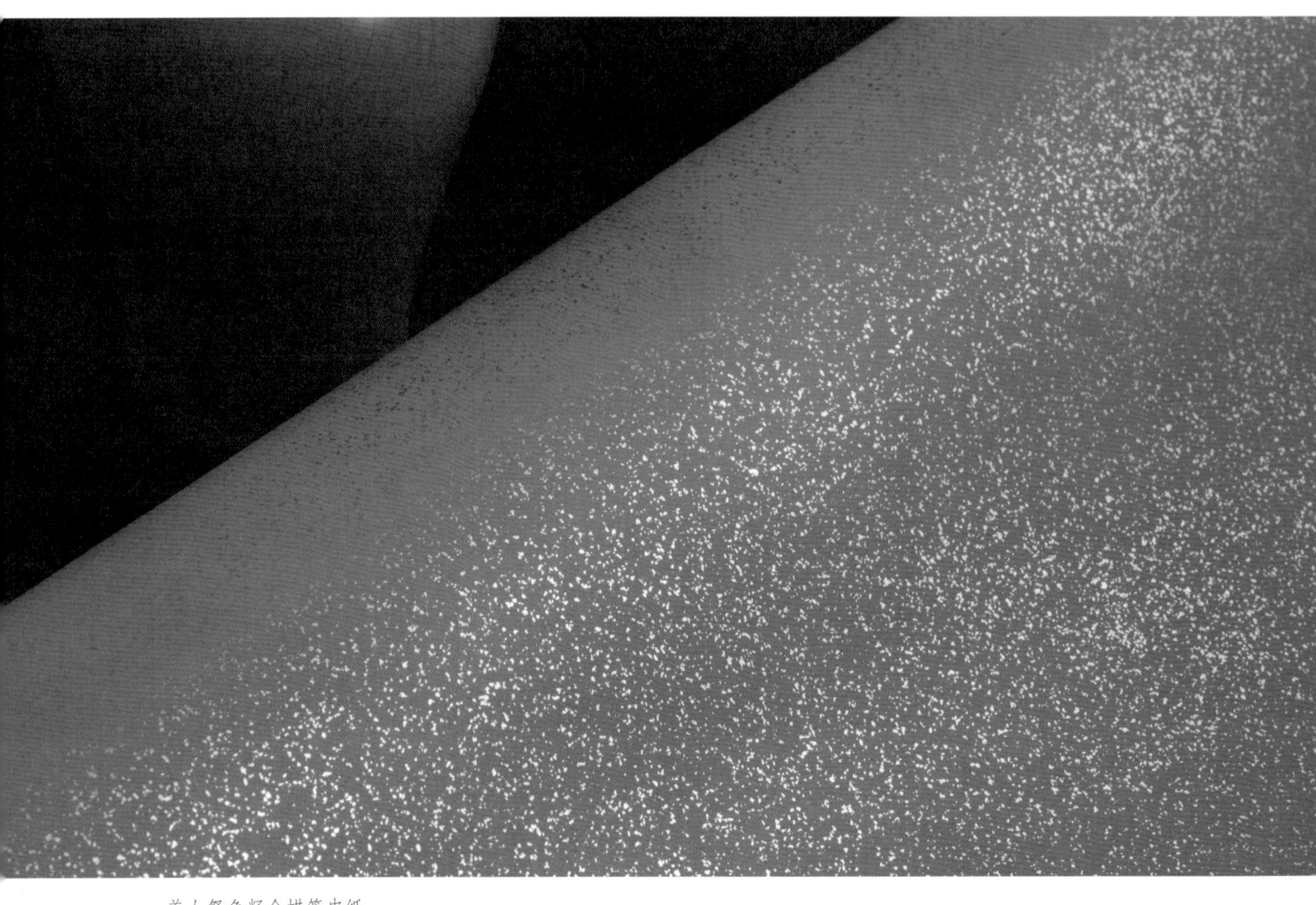

美人祭鱼籽金蜡笺皮纸

4. 北宋汝窑梅瓶之美人祭鱼籽金蜡笺皮纸

美人祭，亦作美人霁、美人齐。许之衡《饮流斋说瓷》云："美人祭，又曰美人霁，祭红之淡粉色者也。西人又呼为桃花色。此种市伙不解其名，或呼为淡豇红，或呼为淡祭红。孰若美人祭名称之娇艳也耶?余若娃娃脸、杨妃色、桃花片、桃花浪诸名均属于此类。稍深稍浅，吹万不同，而歧名异名因之遂夥。一言以蔽之，则祭红之淡粉色而不发绿斑者即此类也。"邵蛰民、余戟门《增补古今瓷器源流考》云："(美人霁)佳处在于淡红中显鲜红色与茶褐色之点，背光则现绿色。"

此色令人遐想贵妃醉酒，温柔的氛围带来精神上的和悦，如冬日红霞映雪，高雅端庄，具有时尚与古韵集于一身的优雅魅力。

5. 清雍正珊瑚红盖杯之洛神珠雪花金蜡笺宣纸

洛神珠，亦称绛珠草、酸浆、菇娘。其果实成熟时玲珑红润，浑圆如珠，故在晋时被长安儿童呼为“洛神珠”。郑樵《通志·昆虫草木略·草类》云：“酸浆曰寒浆，曰醋浆，江东曰苦葴，俗谓之三叶酸浆。沈括云：‘即苦耽也。’其实如撮口袋，中有珠子，熟则红，关中谓之洛神珠，亦曰王母珠，亦曰皮弁草，以其实又似弁也。”曹雪芹《红楼梦》第一回云“西方灵河岸上”的“三生石畔有棵绛珠仙草”，赤霞宫神瑛侍者“日以甘露灌溉，这绛珠草始得久延岁月”。绛珠草即林黛玉的前身，其色玲珑红润，其意楚楚可怜。

此色为纯矿物颜料色。清雍正时期的宫廷蜡笺多以洛神珠珊瑚红作底色，再在其上以金粉描绘吉祥图案，彰显皇家至高无上的尊贵气度。

洛神珠雪花金蜡笺宣纸

石绿鱼籽金蜡笺皮纸

6. 明成化不倒翁杯之石绿鱼籽金蜡笺皮纸

石绿，孔雀石研磨而成，为中国画传统颜料。制作石绿以干研为主，研到极细时方可加胶。若有上好的原材料，并使用有效的漂洗方法，石绿的细度可以分为更多色目。日本将石绿分为十七目。白居易《裴常侍以题蔷薇架十八韵见示因广为三十韵以和之》诗曰："烟条涂石绿，粉蕊扑雌黄。"陆游《旅游》诗云："螺青点出暮山色，石绿染成春浦潮。"方回《题宣和黄头画》咏道："石绿藤黄间麝煤，半枯瘦篠羽毶毸。"元好问《眉》诗云："石绿香煤浅淡间，多情长带楚梅酸。"

此色润如碧玉，鱼籽金如宇宙星辰一般灿烂辉煌，观之令人心潮澎湃。

7. 宋汝窑三羊开泰瓶之正青雪花金蜡笺宣纸

正青，雉雊之承色。《太平经·守一明法》曰："守一精明之时，若火始生时，急守之勿失。始正赤，终正白，久久正青。"王安石《木末》诗云："缲成白雪桑重绿，割尽黄云稻正青。"陆游《老学庵笔记》曰："麦苗稻穗之杪往往出火，色正青。"又《春社四首》诗曰："桑眼初开麦正青，勃姑声里雨冥冥。"又《小憩前平院戏书触目》诗云："稻秧正青白鹭下，桑椹烂紫黄鹂鸣。"

北宋汝窑为五大名窑之首，尤以釉色之美闻名，天青釉典雅古朴，似玉非玉，温润圆滑。要在蜡笺上做出类似的色调，难度可想而知。笔者经过再三研究、试验，最终用近似天青的玛瑙矿物颜料磨成800目的粉状，经过九道层层稀薄上色而成此"正青"。尤其是其中鹿皮胶的配比，起到最大作用。正青蜡笺制成不易，在笔者心中，以为推为天下第一蜡笺亦不为过。

以上十种，仅作参考。海派蜡笺的色彩之所以为书画界所倚重，皆因其色源于天地自然，归于传统审美之根。古代宫廷美学之精丽典雅，

正青雪花金蜡笺宣纸

对当下的文化创新仍有取鉴意义。对色的把握绝非儿戏，色从何而来，取之有道，方能成事。

在染色的过程中，海派蜡笺制作技艺的基础原则是不用现代的化学颜料。而要找全古法使用的材料也绝非易事。古代颜料均源于自然，但在当代，其中所需的部分矿物、植物、动物已经很难寻觅，只能通过人工养殖、种植所得来代替。经过多年的筛选、实验，锦龙堂在蜡笺色彩、颜料的选择上始终坚持尽量还原古法的原则，精益求精。一般较为常用的颜料分为植物、矿物两种。

1. 植物颜料

黄檗、靛蓝、藤黄、苏木、槐米、栀黄、栗壳、橡子、苍术、黄连、苦参、黄连子、通草、花椒、白芨、山楂炭、沉香木、墨茶、六神曲炭、凤凰草、黄杞子等。

植物颜料

部分植物颜料与中药取材相同，但当代的种植环境与古代有很大区别，因此在色彩、色度的把握上，不能完全简单地复制古法，而需要反复的试验、实践，才可还原。

矿物颜料

2. 矿物颜料

朱砂、石青、石绿、赭石、云母、高岭土、垩土、钛白粉等。

古代矿物色种类较少，大致可分为矿石、土质、人造颜料三类。其中矿石类有石青、石绿、朱砂、雄黄、白云母等，土质类有岱赭、黄土、白土、白垩、黄赭石、贝壳胡粉、绿土等，人造颜料类有黄朱、赤朱、黑朱、铜绿、铅丹、铅白、墨黑、百草霜、通草灰、葡萄黑、油烟黑等。

现代矿物色是在古代矿物色的基础上发展丰富而来，在保持古代已有的矿物色的同时，在品种上有了飞跃性的拓展，尤其是矿石类矿物颜料，从几种发展到几百种。在土质颜料方面，开发出水干色等，是以蛤粉与优质耐光性高级颜料、染料按一定配方混合而制成，色相的研制可以达到随心所欲的程度，完全跨越了古代矿物色的局限性。

与植物颜料一样，现代矿物色的丰富使得海派蜡笺的色彩更为多样。

▸▸ 辅助材料

1. 24K纯金粉

蜡笺除了书写不滞墨、不晕染等功能性特点外，还具有显著的艺术价值，而华贵富丽的图案也是体现其艺术价值的重要一环。古人用纯金粉绘制图案，是宫廷、官府或达官贵胄之家才能承担。而如果现在用现成的纯金粉加工，成本会非常高昂：2000年初纯金粉的价格已达约460元/克，当时的金价在280元/克左右。为了节省成本，让更多人能用上蜡笺，笔者再次进行创新研究，以相对便宜的金箔替代，经反复实验，终于突破技术关口，研究出了一种较低成本的纯24K描金工艺。工艺的进步、成本的下降，也为批量生产铺平了道路。

2. 蜡

锦龙堂的蜡笺工艺中使用的蜡是川蜡。川蜡又称虫蜡，属于生物蜡，是白蜡虫分泌在所寄生的女贞树或白蜡树上的蜡质。将这种分泌物从树上刮下来后用热水溶化，撇出蜡，再熔化后加以过滤，并进行精制，必要时再进行漂白，即成。这种蜡相比蜂蜡吸水性更好，更适合蜡笺的制作。

辅助材料

3. 胶

在蜡笺制作工艺中使用的胶极有讲究。胶是上色的粘合剂，一般多使用黄明胶、桃胶等，但真正的古法工艺使用的是牛皮胶，而更为上乘的选择是鹿骨胶。

4. 明矾

在蜡笺制作过程中，明矾与胶合用的目的是防止墨汁的渗透。古法蜡笺一般使用的是食用明矾。其浓度的调制与环境的温度、湿度息息相关。

▶▶ 制作工具

海派蜡笺制作在工具的配备上秉承“古不乖时，今不同弊”的精神，精益求精，力求高度还原古法。绝大多数工具采用天然材料，以延续传统手工艺为依归，并结合当下实际情况加以发挥和创新。制作蜡笺的工具、技法、材料、匠心四大元素应当形成合力，追求浑然天成、“天人合一”的境界，才能使每一张蜡笺都熠熠生辉。

蜡笺制作工具所使用的天然材料包括竹、木、石、棕丝、羊毛等。绝大多数工具源自师徒代代相传的传统技艺，制作精良；有一些工具也在拟古的基础上进行了改革和创新，由笔者带领团队自行研发制作而成。

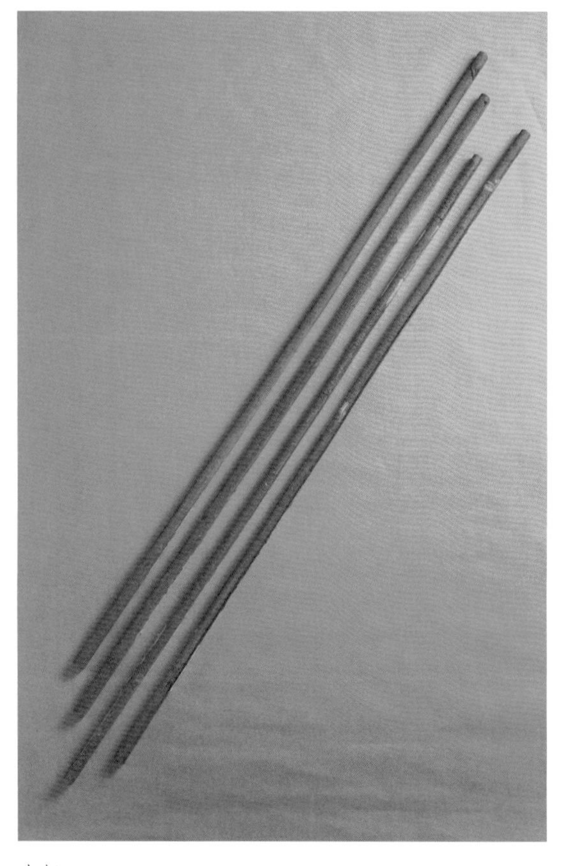
木杆

1. 木杆

用于搭杆、上色、挂杆等步骤。木杆是制作蜡笺的重要工具，有四两拨千斤的作用。从蜡笺一开始的制作到最后垂直悬挂，都离不开这一根小小的木杆。其选用的材料是上好的杉木。杉木具有辟秽、散湿毒的功效和特点，材质坚韧轻盈、易干燥，可提高晾干的效率；此外还有耐久性能好、胶接性能好等优点，特别适合宣纸、皮纸等传统纸张的粘贴。将需要加工的纸张粘贴于杉木木杆上，更便于后续的过矾和晾晒。

2. 排笔

产于湖州，用于上色、封胶等步骤。将排笔浸润于调配好的颜料或矾胶中，在宣纸等材质上进行数道刷染工序。排笔的好坏关系到上色的色泽是否均匀、蜡笺表面粉和蜡的吸收饱和度，是蜡笺制作过程中的“灵魂”工具。锦龙堂在排笔的挑选上也是精益求精，从挑选山羊开始到水盆工艺均由笔者亲自把关监制。选用的排笔系以列入第一批国家级非物质文化遗产名录的湖笔制作技艺制成，具有不掉毛、弹性好、使用寿命长等特点，可以提高上色和刷矾效率，大大降低了“掉毛”造成制作工艺瑕疵等不良影响。

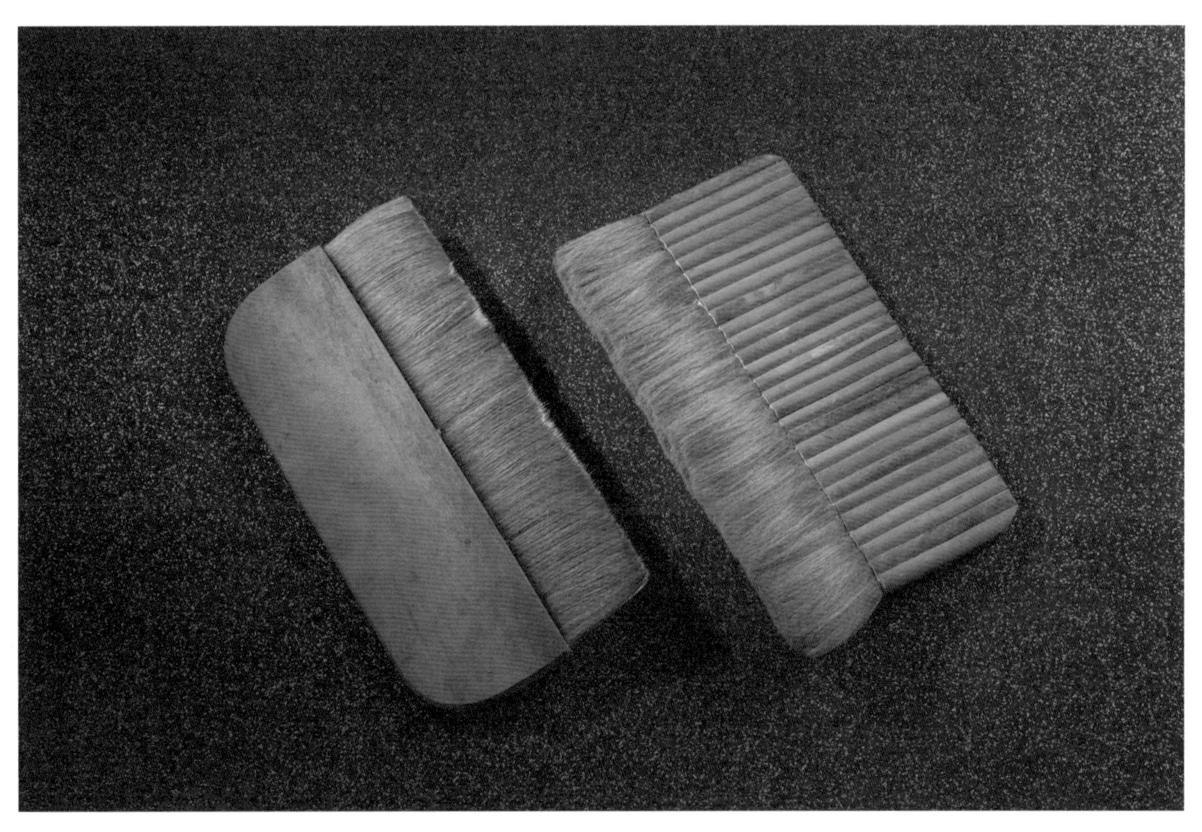

排笔

3. 棕把

专用装裱工具，用于托纸上板（属于装裱类辅助工序）。锦龙堂使用的棕把由选自上好棕树的棕丝和剑麻纤维混合而制成。

棕把

研石

4. 研石

一般选用表面光滑的天然鹅卵石，形状以长圆形为主，最好有一个平面，而与平面相对的一面为半圆面，且以双手可握住为佳。研石用于打磨纸张，防止勾笔。

5. 洒金桶

用于洒金工艺，可以说是蜡笺制作技艺中画龙点睛、传神达韵的一步。洒金桶为特制，可通过控制缝隙的大小制作出不同大小的金花，并将其洒在宣纸等底胚材料上。手工洒金时要注意金花的均匀度。大孔洒金桶可以呈现“雪花金”效果，金呈片状，大有富贵气象，有道是：“纷纷飞花洒满金，飘飘似仙蜡染笺。翰墨落笔妙趣情，无人知是传匠心。”小孔洒金桶可以呈现“鱼籽金”效果，颗粒小而密集，特别适合写小楷和作小品画，彰显文人格调和闲雅意趣。

洒金桶

二 | 海派蜡笺的制作流程

蜡笺工艺的载体主要为宣纸、皮纸、绢帛，工艺流程上大同小异。以下以宣纸底胚为例，加以说明。

▸▸ 选料

蜡笺技艺的第一步、也是不可或缺的一步就是选料。锦龙堂特制的宣纸虽有较高的标准，但为了承接蜡笺在一张宣纸上近二十道的工序，

选料

必须确保纸上没有硬质的杂质。如发现小范围杂质，必须及时剔除或报废，以免在后续的打磨步骤对蜡笺造成磨损。

▸▸ 搭杆

初筛宣纸后，手工将所选宣纸逐张以三点法进行搭杆。此步骤中使用的胶水为糯米胶，方便工序完成后将蜡笺纸剥离木杆。此步骤是为上胶矾挂杆做准备。

搭杆

▶▶ 拖纸

完成搭杆步骤后，需进行上胶挂矾处理，即将搭杆完毕的宣纸逐一在胶矾水中手工拖曳过矾，并拖纸挂杆，阴干宣纸。此步骤一般需要在无风环境中进行，以确保浸湿的宣纸不互相粘连。

拖纸

▶▶ 上色

这是蜡笺制作的核心步骤之一。色彩是蜡笺纸是否具备艺术价值的重要因素之一。上色不是一步到位就能完成的，需要根据不同季节的湿度、温度等具体情况，由浅至深逐步调色。在此之前，需要在每张宣纸的正反面刷上高岭土（俗称陶泥），晾干后，进行上色。此外还要根据颜料性质的不同，确定上色次数。

1. 矿物颜料

加入适量鹿皮胶后，一般三至五道上色程序即能达到效果。

2. 植物颜料

同样需要加入适量鹿皮胶，但需要八到十道上色程序才能达到效果。具体的操作方式一般由制作者的经验来决定，而非千篇一律、机械化地照搬和套用。

上色

▶▶ 挂杆

蜡笺经挂杆阴干后，色彩才最终定型。此步骤同样需要在无风环境下进行，一般干透后才能进行下一个步骤。每次宣纸浸湿后都需要实施挂杆阴干这个步骤，待纸张干透后方可进行下一步。

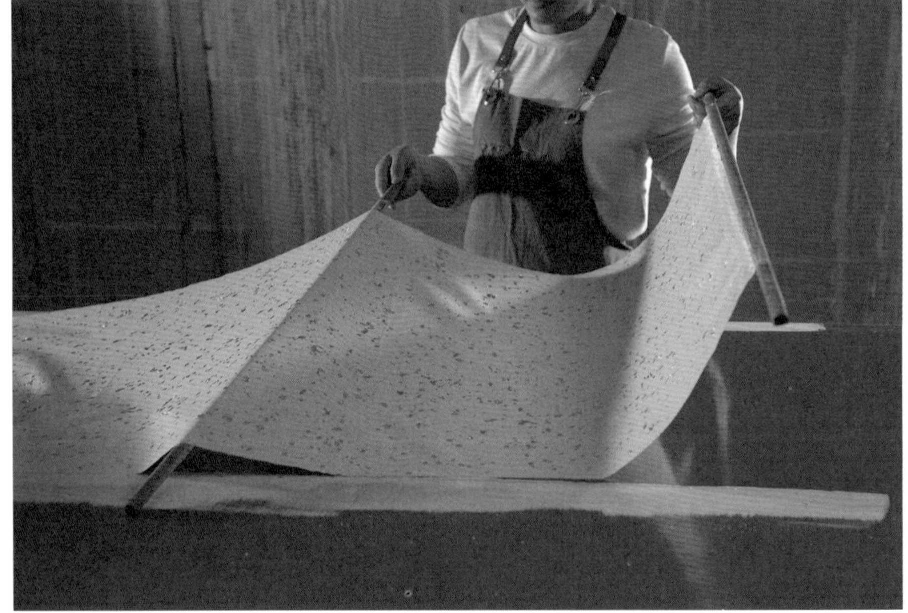

挂杆

▸▸ 洒金、描金、泥金装饰

如需增加艺术效果，可以再进行洒金、描金、泥金的加工。如需要原色蜡笺纸，可跳过此步骤。

1. 洒金

蜡笺纸上可再次刷胶，然后在湿润状态下，用不同尺寸的洒金桶洒出鱼籽金或雪花金。鱼籽金的金花比较稀碎，形状大小类似鱼籽，雪花金的金花较大片。也可将两种大小的金花洒在一张纸上，以展现另一种效果。

洒金

洒金

2. 描金

使用加工后的24K纯金粉、珍珠粉等，以纯手工方式在蜡笺纸上描绘禽鸟、梅花、缠枝莲、云纹、龙纹等图案，从而提升蜡笺纸的观赏及收藏价值。

描金

3. 泥金

用特殊工艺将24K纯金箔手工研磨成纯金粉，制成金色颜料，涂饰于蜡笺纸之上。泥金工艺的质量与环境的湿度、温度等密切相关，因此每年适合制作泥金的时间并不长，产量也会受到限制，造价相对洒金、描金工艺也就更高。

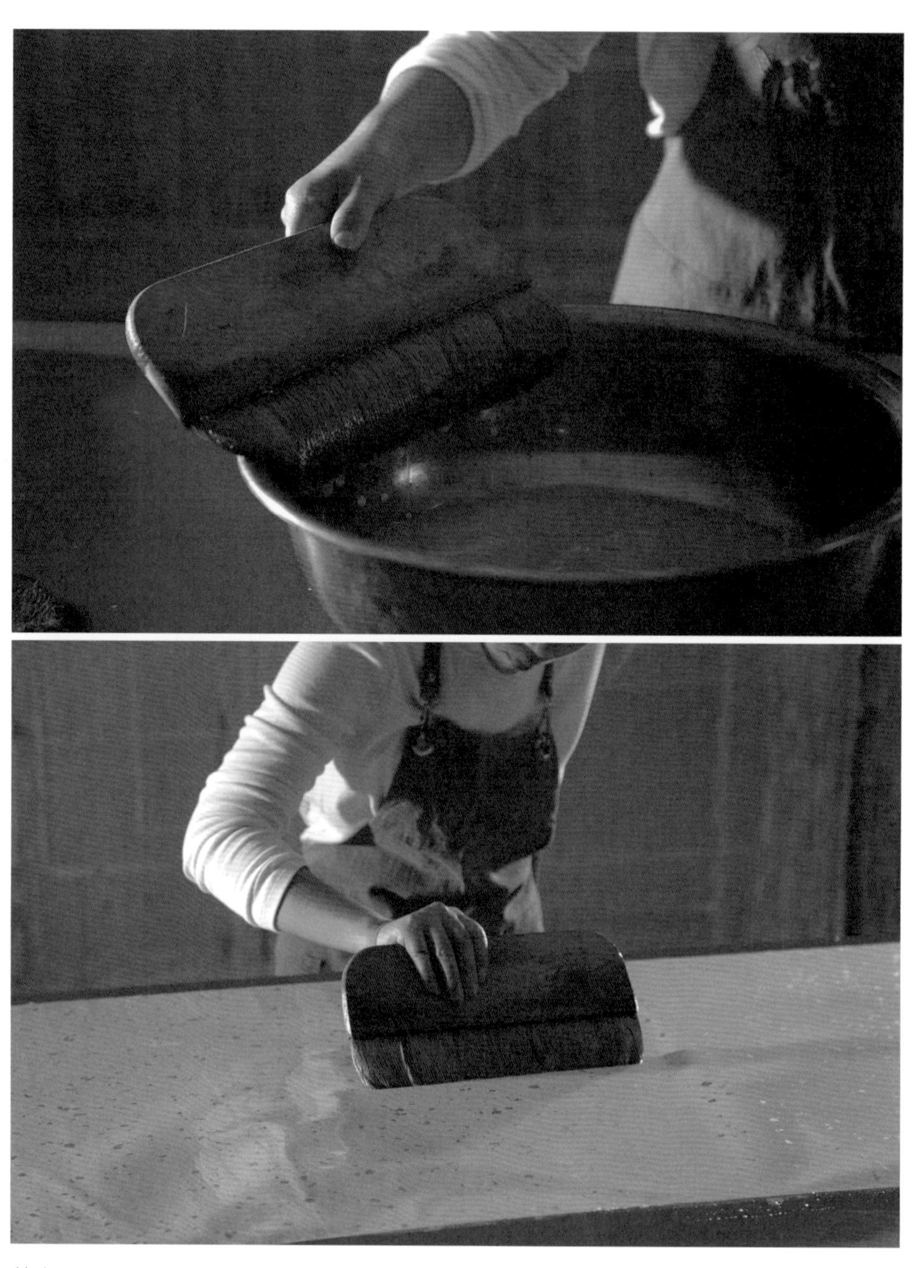

封胶

▸▸ 封胶

上色或装饰完成后，需要对纸张进行一次封胶处理。与此前步骤的过矾不同，这一步骤的主要目的是锁色，即用一定比例的明矾和牛皮胶再上一道矾胶水，以确保纸张不会出现褪色、晕染等问题。

▸▸ 打磨定型

封胶处理后，待宣纸干透，用川蜡对每一张蜡笺纸分别上蜡并进行打磨。川蜡的吸水性较好，在保证宣纸光滑度的前提下，不影响宣纸吸墨的特性，又可以延长宣纸的保存时间。上蜡后，接着再用研石反复磨压，直至整张纸平整光滑。

川蜡打磨

研石打磨

▶▶ 托纸上板

完成上述的制作或装饰工艺之后，为了使蜡笺纸更为平整，需要托纸上板。此步骤类似书画装裱工艺的托纸步骤。

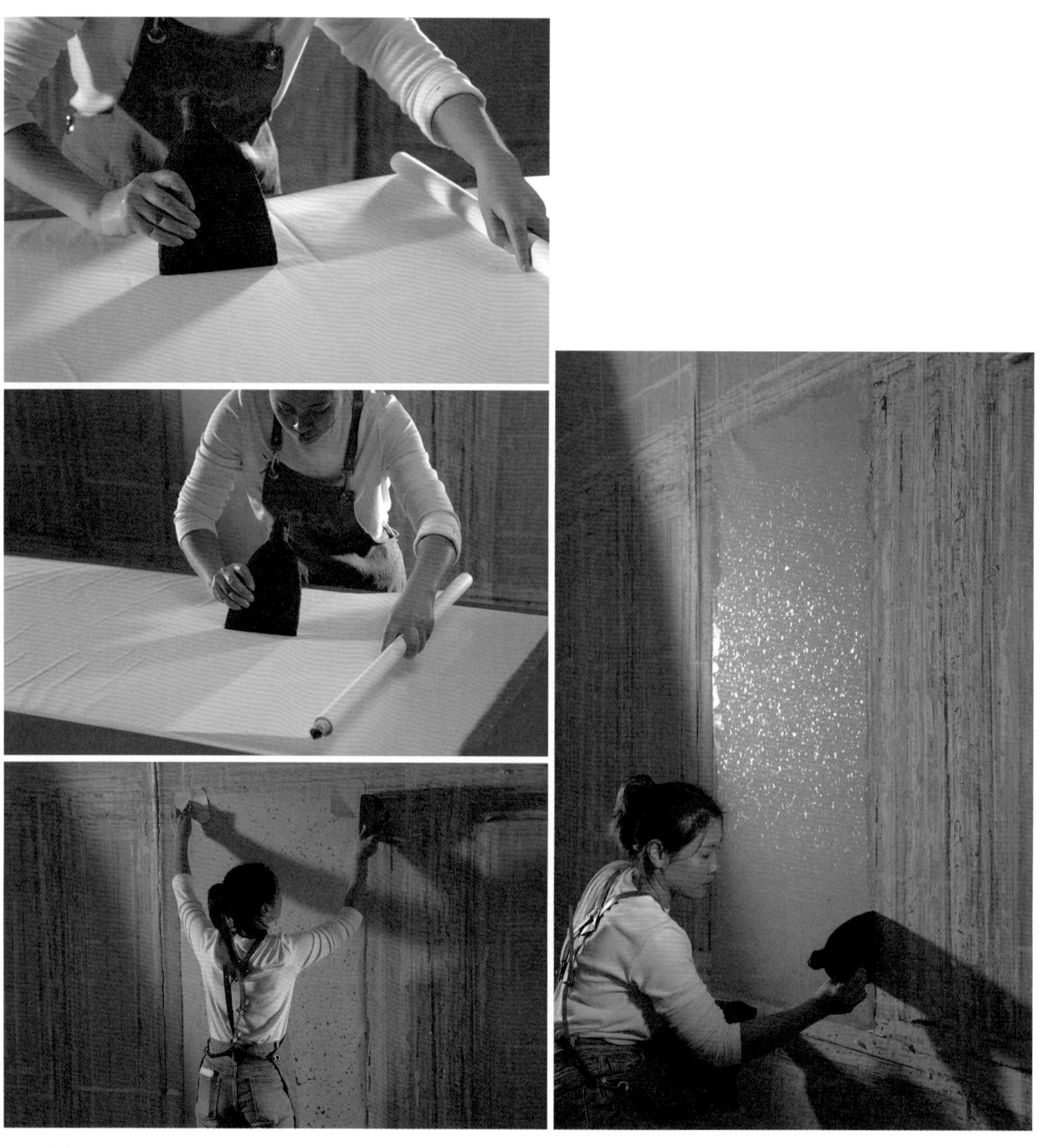

托纸上板

▸▸ 背面打磨

托纸上板之后，将蜡笺纸从板上揭下，需在纸的背面再次进行上蜡打磨以及砑石磨平，为的是使蜡笺的正反两面趋于协调一致，使仿古效果更为出色。

背面打磨

▸▸ 裁纸包装

最后一步就是标准化的裁切蜡笺纸，并将其包装完成，装箱入库。

裁纸包装

至此，所有步骤完成。一张卓有风致的海派蜡笺纸需要经历十几道工序，经过近一个月时间才能完成。海派蜡笺技艺继承了中国古代造纸术登峰造极的历史遗产，每个环节都彰显了中国传统工艺的细腻精致和博大精深，浓缩了中国人民勤劳、专注、坚毅、极致的匠人精神，传承了古中国传统手工业宝贵的艺术价值，亦体现了现代中国人民对美好生活品质的追求。

第六章

海派蜡笺技艺的发展与创新

一丈夫兮一丈夫，千生气志是良图。请君看取百年事，业就扁舟泛五湖。

——【唐】李泌《长歌行》

“海纳百川，兼容并蓄”是海派文化的精髓。海派蜡笺融合了华贵典雅的宫廷气质与创新活力的海派风格，其本身就可以成为一件艺术品。经过一道道繁复的制作工艺、最终展现出润泽色彩和精美图案的蜡笺作品，不仅在书画界备受瞩目，而且进入了大众的视野，越来越多人开始关注、收藏纸品。蜡笺技艺可以使书画作品百年不腐、色彩饱满，这种几近失传的传统技艺在海派文化中孕育出新的生机与活力，得以传承和延续。

锦龙堂在继承古法蜡笺技艺的同时，结合现代书画的创新发展，不断尝试技术突破，在细节中体现传统工艺的精髓与风采。

一 | 锦龙堂海派蜡笺特色作品

描金姹紫单龙云纹蜡笺

▶▶ 按工艺分类

1. 描金蜡笺

海派蜡笺的描金材料主要来自天然矿、植物颜料和金、银、珍珠粉等。运用特殊研磨工艺将金箔研制成金粉，加入适量的胶，成为颜料。锦龙堂描金工艺师从事该项工作二十余年，对手工描金的百来幅图案了然于心。这些图案均源于古代文献记载和宫廷工艺品，主要有五类。

⑴ 云龙纹

龙为主纹，云为辅纹，龙或作驾云疾驰状，或在云间舞动。始见于唐宋瓷器，如晚唐五代越窑秘色瓷瓶上的云龙纹、宋定窑印花盘上在祥云间蟠曲舞动的龙纹等。蜡笺上的龙纹形态多样，主要有单龙云纹、双龙戏珠、六龙云纹、九龙云纹等，另有盘龙图案若干。

描金瓷青单龙云纹蜡笺

描金淡黄单龙云纹蜡笺

描金青绿单龙云纹

描金蟹青单龙云纹蜡笺

描金烟粉单龙云纹蜡笺

描金灰绿双龙云纹蜡笺

描金青绿双龙云纹蜡笺

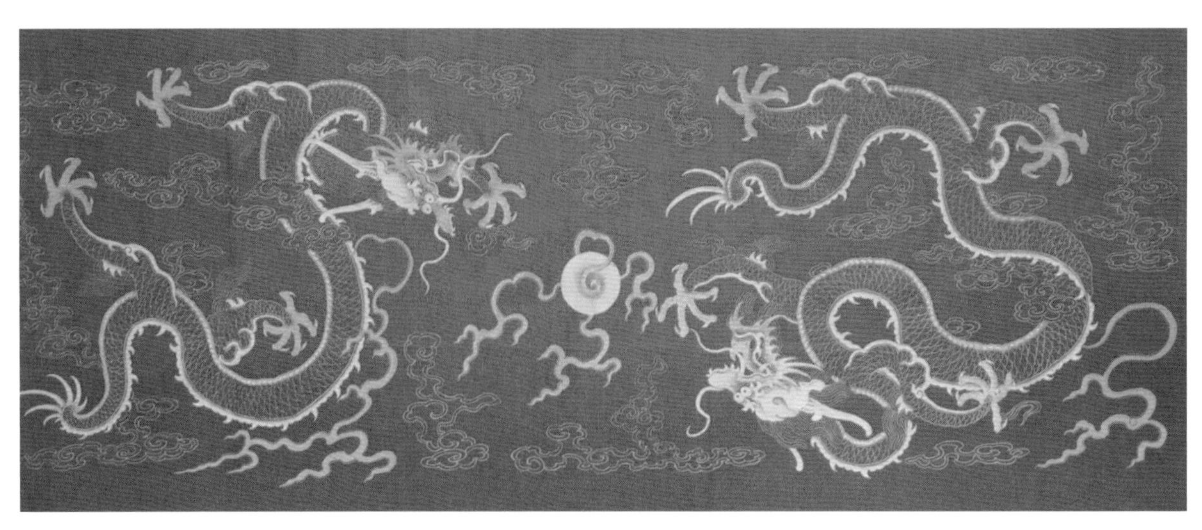

描金正红双龙云纹蜡笺

描金正红六龙云纹蜡笺

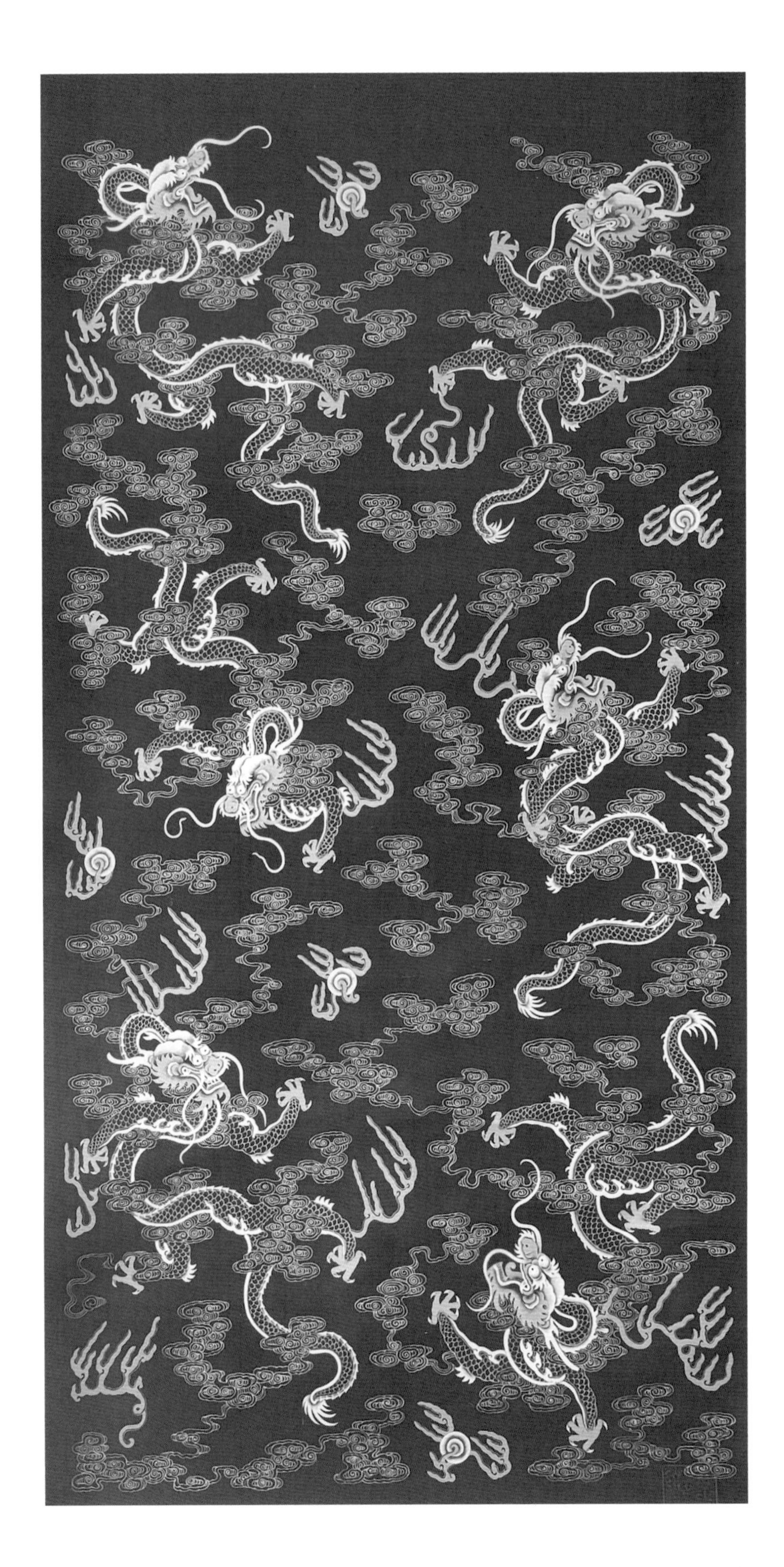

描金姹紫六龙云纹绢本蜡笺

描金青绿六龙云纹绢本蜡笺

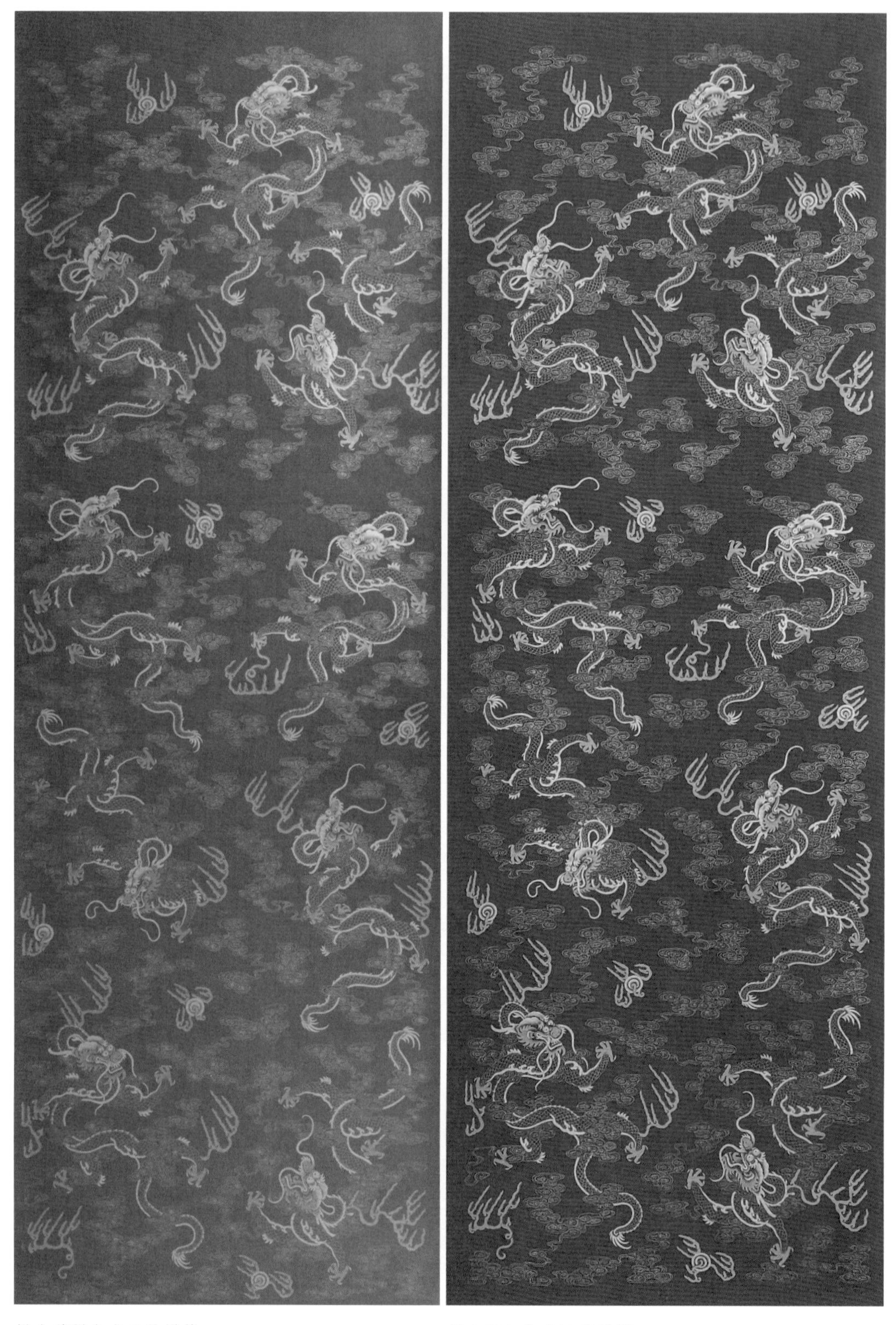

描金蓝绿九龙云纹蜡笺

描金正红九龙云纹蜡笺

⑵ 如意云纹

一种中国传统装饰纹样，其源头与春秋战国时期的云纹和如意器物有密切关系。如意云纹于唐代得到长足发展，宋元时期定型，明清时期发展成熟，在传统工艺美术的各个领域中得到普遍运用和表现。蜡笺的如意云纹主要源于元代明仁殿纸的云纹图案。

描金如意云纹蜡笺

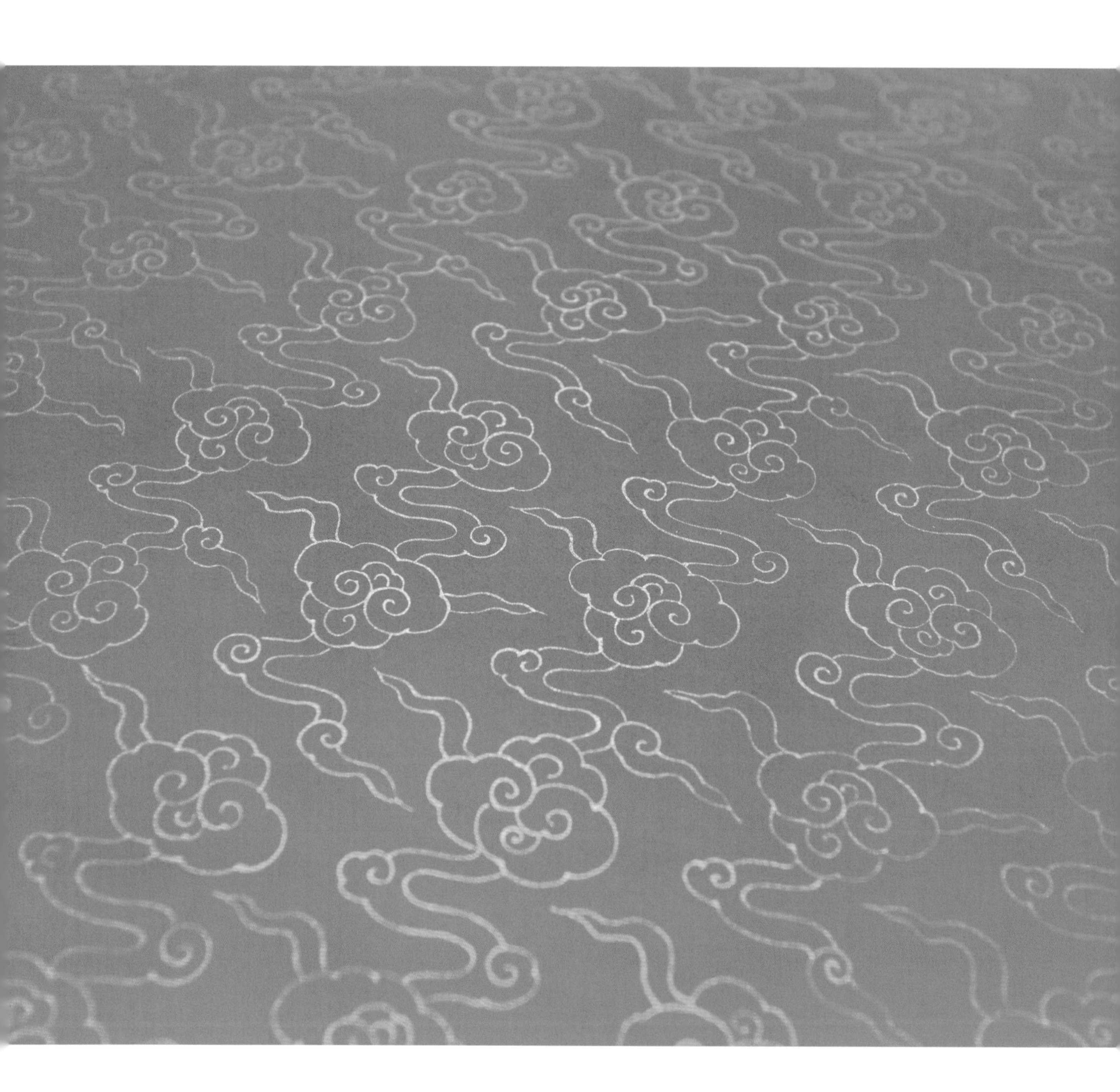

描金如意云纹蜡笺

⑶ 花鸟纹

一类中国传统陶瓷器装饰纹样，以花卉与鸟类相配组成画面，故名。最早见于唐代长沙窑釉下彩瓷器，宋代则主要见于磁州窑白地黑花瓷器及耀州窑青釉刻花瓷器。明、清时期的景德镇窑彩瓷上盛行花鸟纹装饰。蜡笺的花鸟图案主要源于各类仿澄心堂纸的装饰纹样，目前共有100个样张。

描金花鸟纹

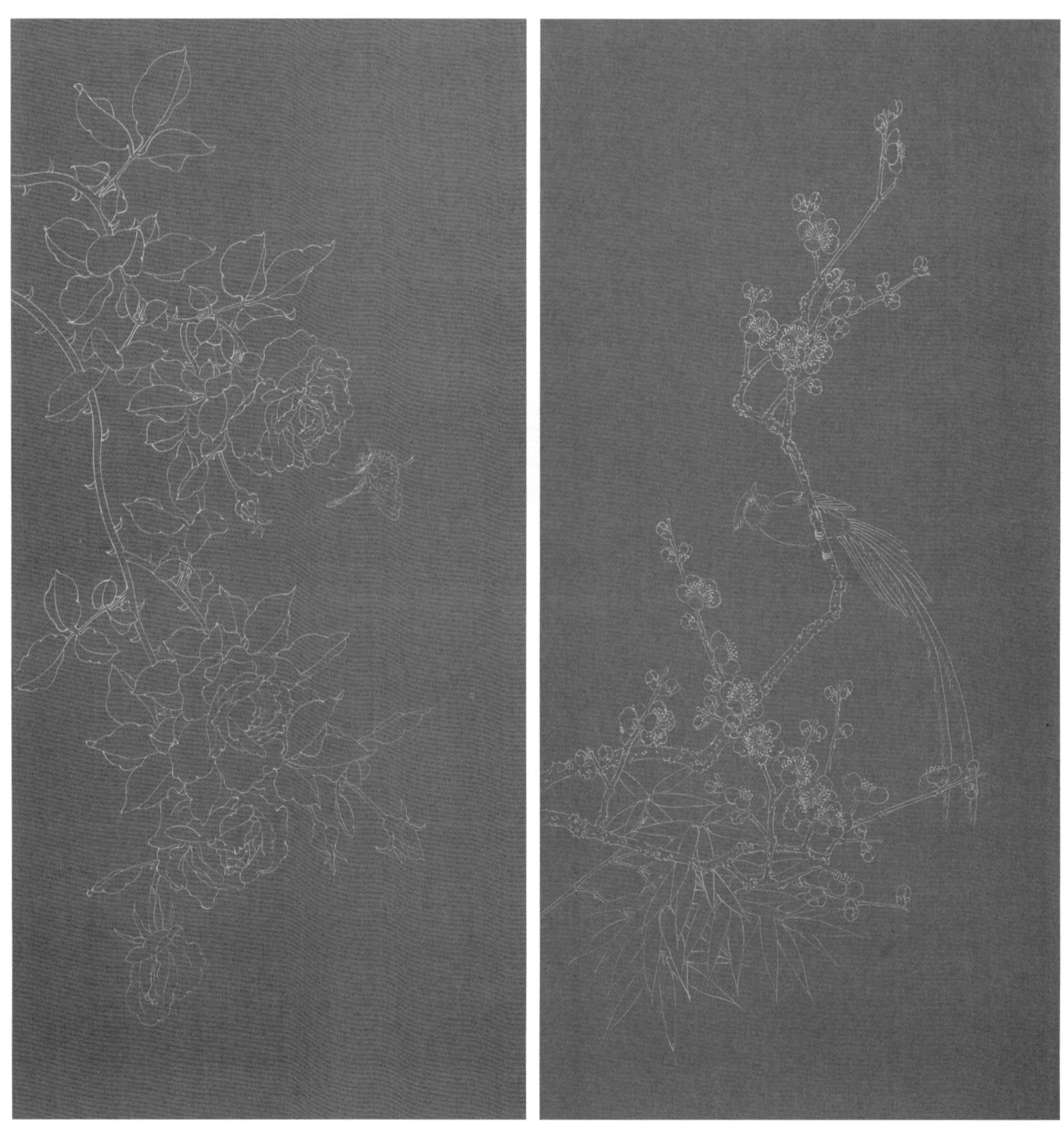

描金花鸟纹蜡笺

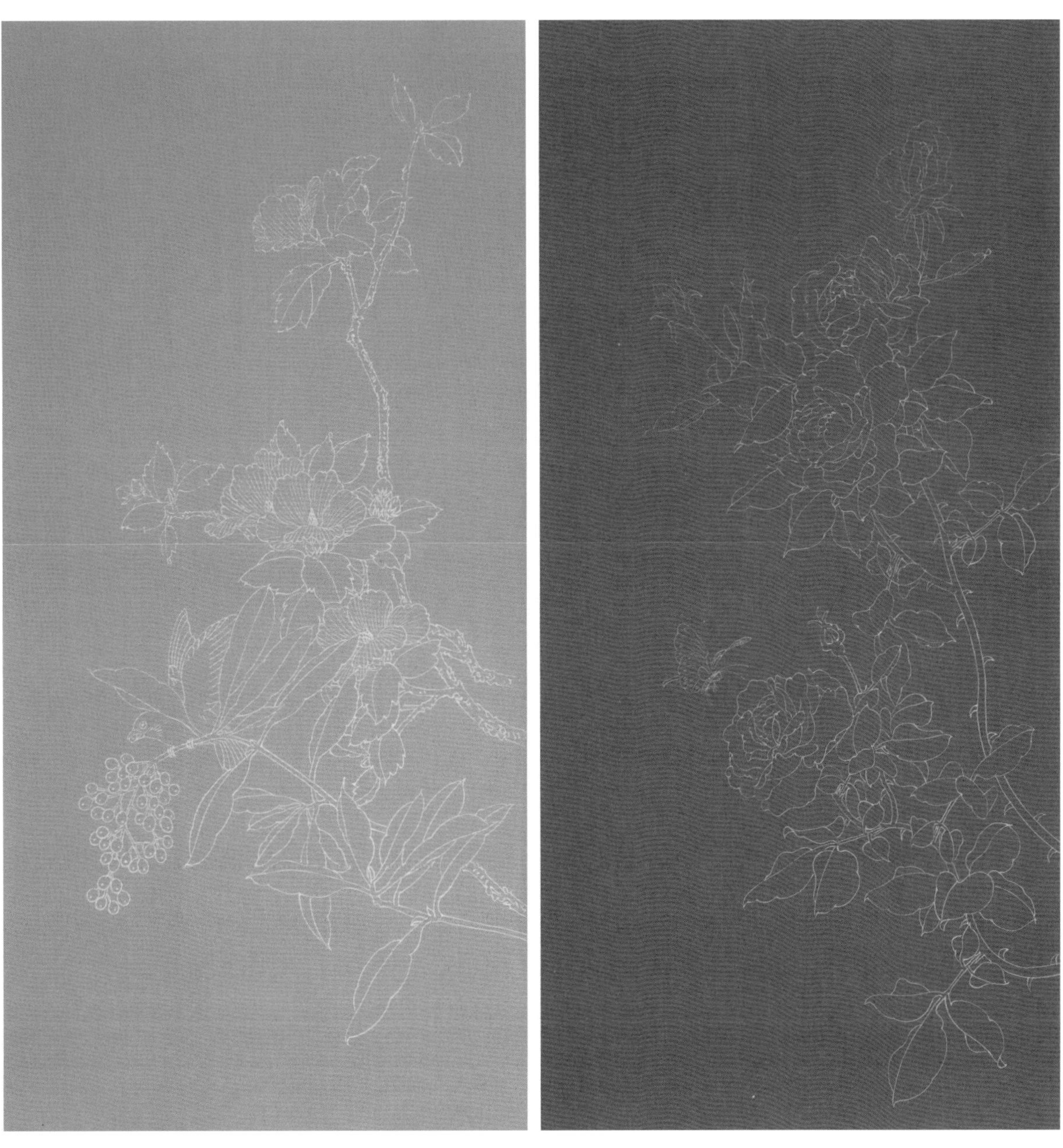

描金花鸟纹蜡笺

描金花鸟纹蜡笺

⑷ 冰纹梅花

又称“冰梅纹”“冰裂梅花纹”，最早出现在瓷器上，创烧于清康熙时期，以仿宋官窑冰裂纹为地，在其釉面上描绘朵梅或枝梅，是将冰裂纹釉面的肌理与梅花纹完美结合的一种特殊装饰纹样。蜡笺的冰纹梅花主要源于清乾隆梅花玉版笺。

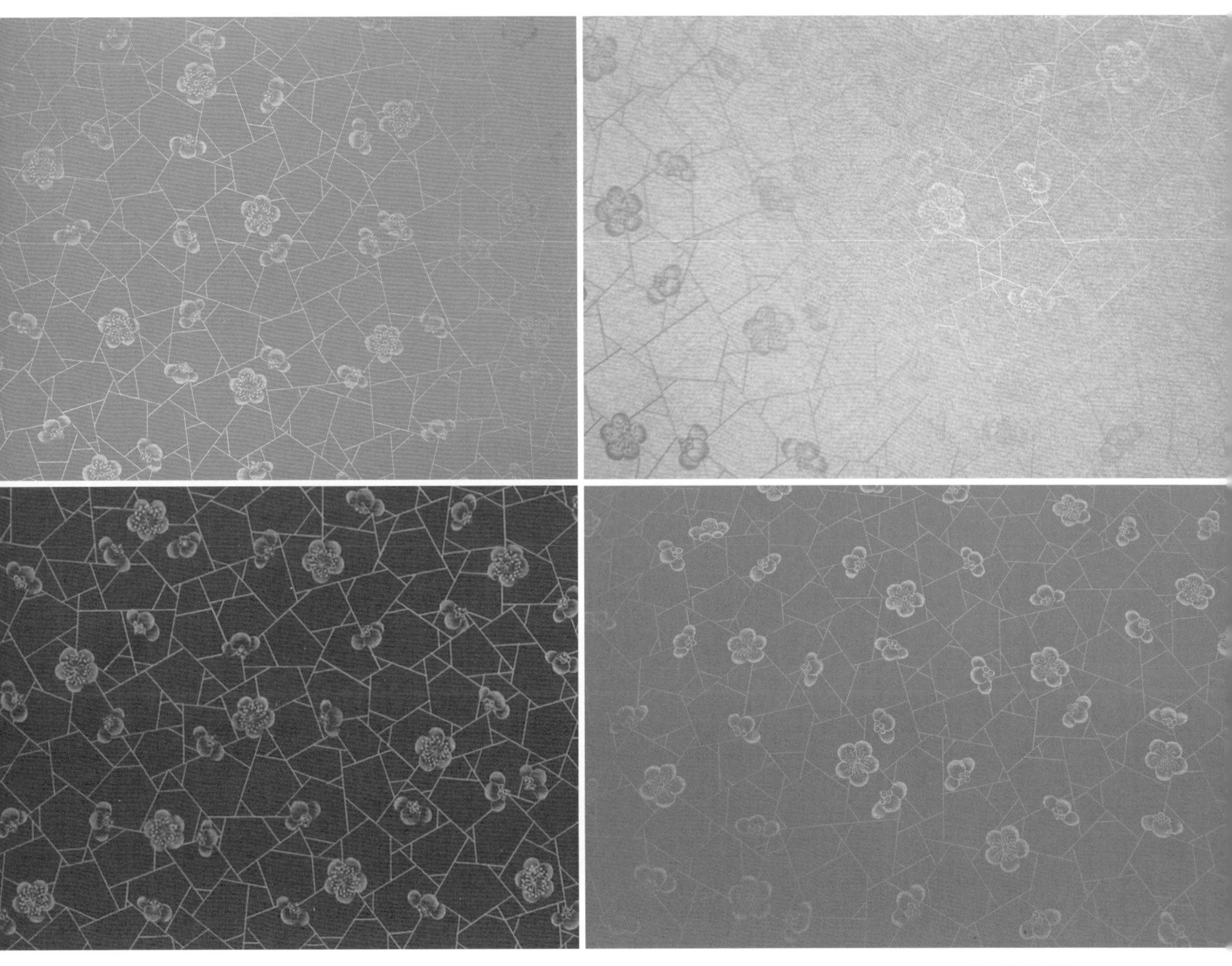

描金冰纹梅花蜡笺

(5) 缠枝莲

缠枝纹亦称“万寿藤”“蔓草纹”，寓意吉庆。因其结构连绵不断，又具“生生不息”之意。其图案源于一种藤蔓卷草，是经提炼变化而成，委婉多姿，富有动感，优美生动。缠枝纹约起源于汉代，盛行于南北朝、隋唐、宋元和明清，缠枝莲尤多见于元、明、清瓷器。蜡笺的缠枝莲图案源于元青花瓷瓶。

描金缠枝莲蜡笺

2. 洒金蜡笺

海派蜡笺的洒金工具为牛皮材质的桶，上窄下宽，下方的小孔大小，决定了金箔碎片飘曳至纸张之上的形态分布。当制作者用木棍敲击牛皮桶的中肚位置，并使桶在纸上均匀地移动时，扬洒出的金花缓缓落下，不由使人联想到"白雪却嫌春色晚，故穿庭树作飞花"的画面。

(1) 鱼籽金

鱼籽金蜡笺在洒金时使用的洒金桶，底部设计有密集的小孔。金花宛如宛如鱼籽大小，洒落在整张蜡笺纸之上，彼此间距必须紧密而不能稀疏，效果才为最佳。这种蜡笺适于抄经、写小楷、作小品画等。

鱼籽金洒金蜡笺

⑵ 雪花金

在较为稀疏的鱼籽金打底的基础上，使用大孔设计的洒金桶，敲打洒落出较为大片的金花。这种蜡笺的洒金效果更为明显，适用于狂草、幅面较大的写意书画等。

雪花金洒金蜡笺

3. 泥金蜡笺

从古至今，泥金工艺因其用料和质感，一直被视为最高等级的装饰工艺之一。中国古代宫廷书画、造像、瓷器、首饰等都会用到泥金。泥金不同于贴金。泥金蜡笺是通过特殊工艺，将黄金研磨成凝胶状态后，涂饰于蜡笺上而制成。其用金量是普通贴金技术的10~13倍。因此，此类作品的面积都不大，一般出现在扇面或册页上。

(1) 泥金团扇

将泥金蜡笺绢本制作成团扇形。与制扇者共同合作而完成的泥金团扇既可用作家居装饰，也具有扇风纳凉的实用价值。

泥金团扇

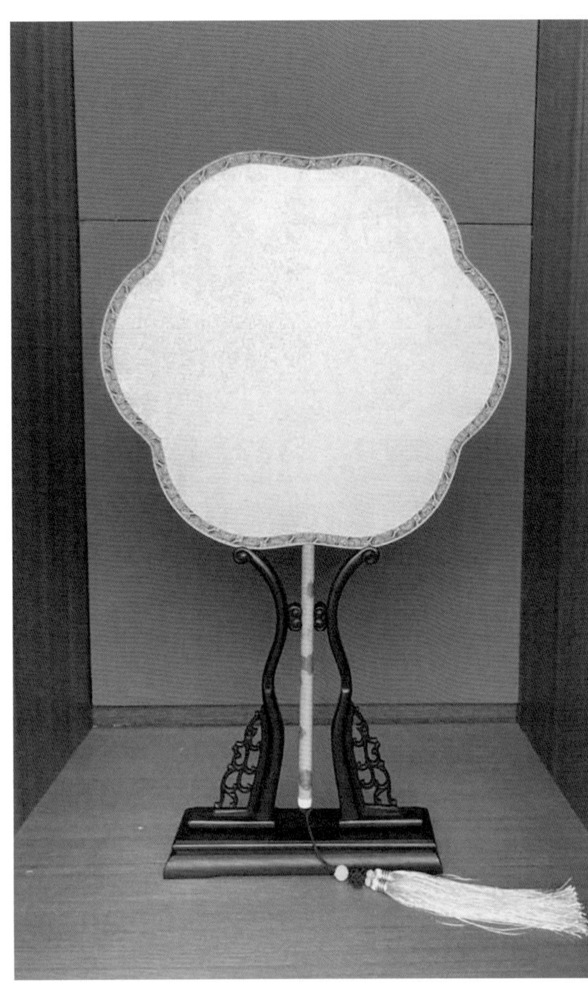

泥金团扇

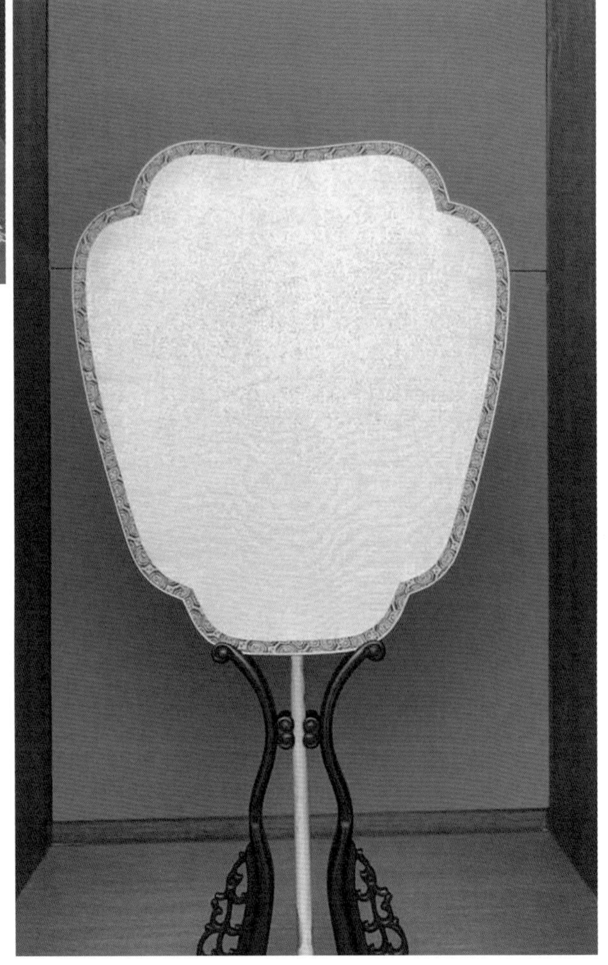

⑵ 泥金折扇

以泥金蜡笺制成折扇扇面，精美大气，熠熠生辉，颇受风雅之士的喜爱，若配以青绿山水，更是相得益彰。亦可作陈设品，置于书房等处，别具诗书自华的清气。

泥金折扇

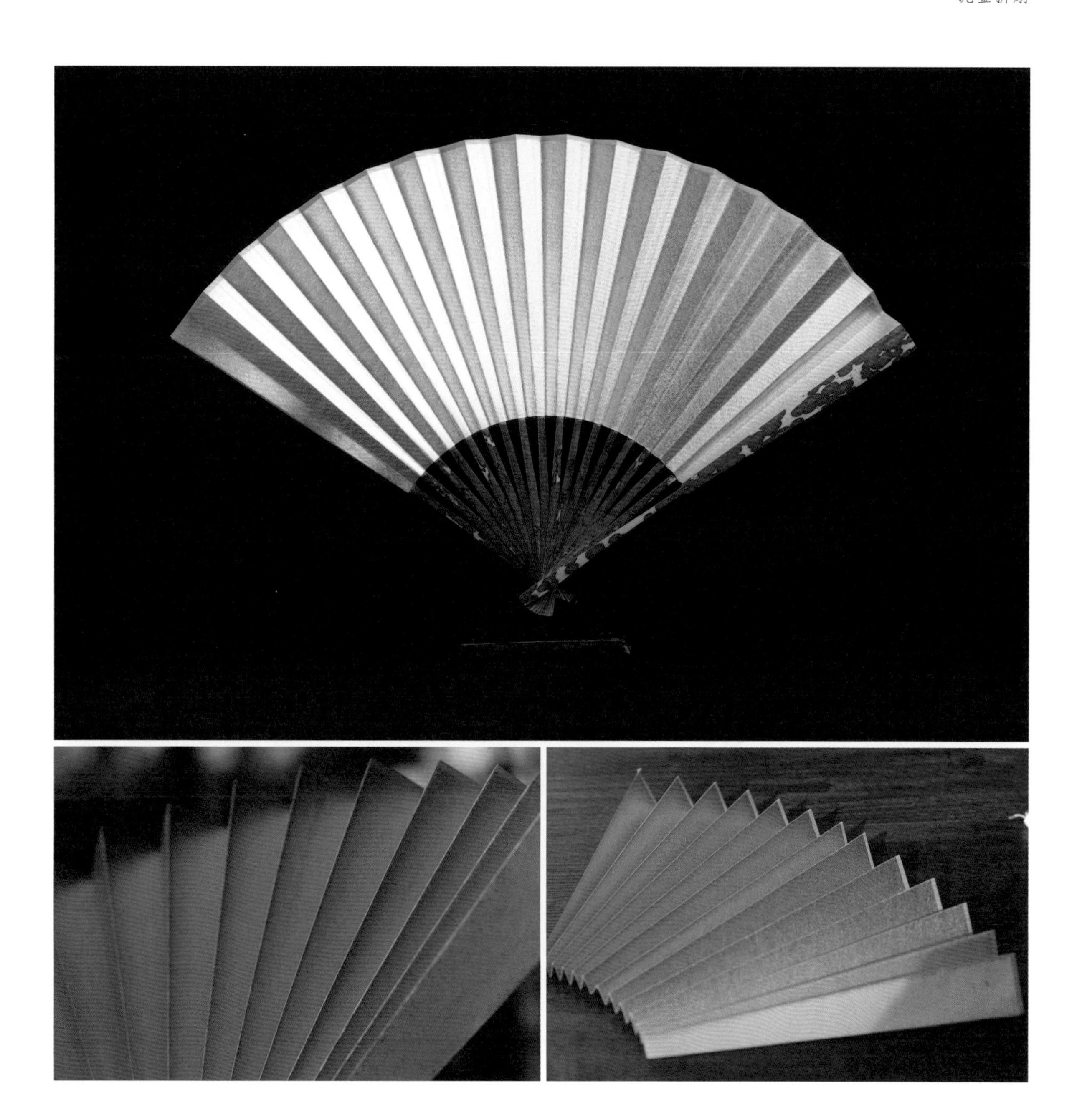

⑶ 泥金册页

凡书家、画家达到一定造诣，追求的是行云流水的创作境界和历久不朽的传世价值。对一件传世名作而言，最基本的问题是其载体的长久性——首先要能被保留下来。黄金永不褪色，千年不易。将泥金工艺运用于蜡笺，装裱成册页，在其上创作的作品如同身着华服，更增雍容渊雅气度，亦象征传统文化的延绵不绝和传承发扬。

泥金册页

▶▶ 按成品规格分类

1. 手卷

锦龙堂的海派蜡笺手卷有两种常规尺寸，分别是33cm×240cm、22mm×170mm。手卷适合抄经、临帖等。

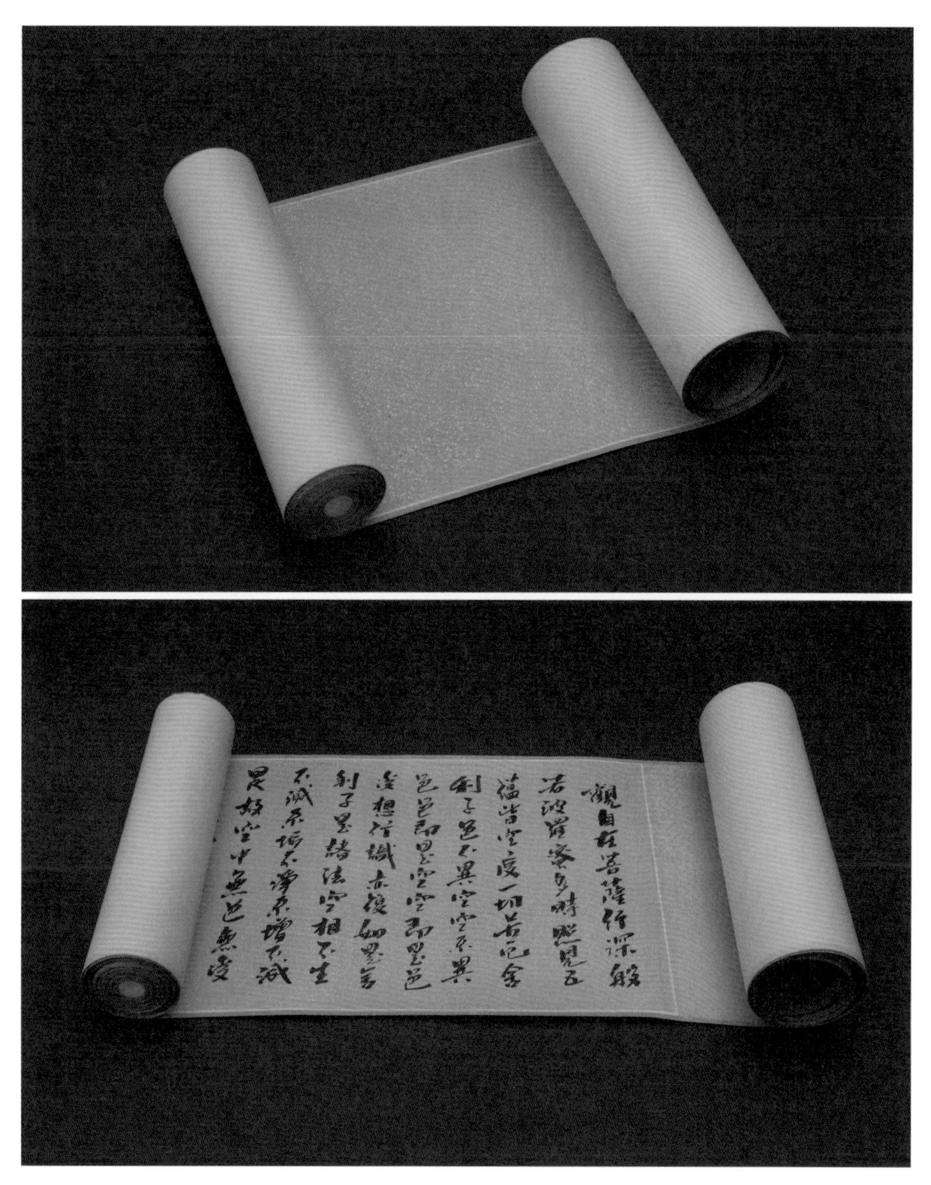

手卷

2. 对联

对联的尺寸一般根据宣纸的整张尺寸而定（对开），其中常见的是书房联。在小型书房联的规格上，锦龙堂更偏向于13cm×68cm和16cm×100cm两个尺寸，因其较符合当代文化人士的家装布局。

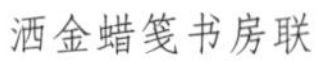

洒金蜡笺书房联

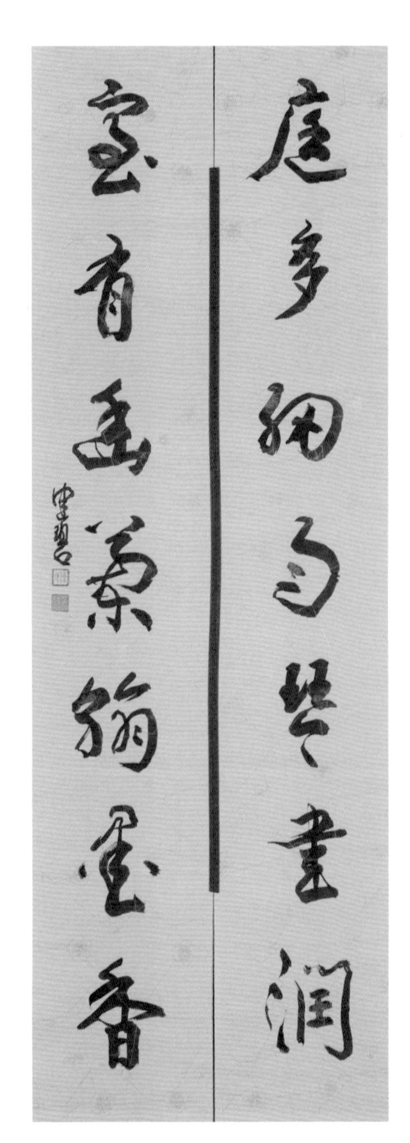

书于蜡笺的对联

3. 册页

海派蜡笺册页没有固定的规格，一般根据不同需求进行定制。内页形态与工艺多样，扇面、洒金、泥金皆可。

册页

4. 扇面

扇面形态主要有折扇和团扇两种。锦龙堂的折扇一般为纸本，底胚材质以皮纸为主。折扇面可制作成多种形式，双面设计也可不同，泥金、洒金、描金等皆可施于折扇两面。团扇以绢本为主，同样可施以洒金、泥金等工艺。

折扇面

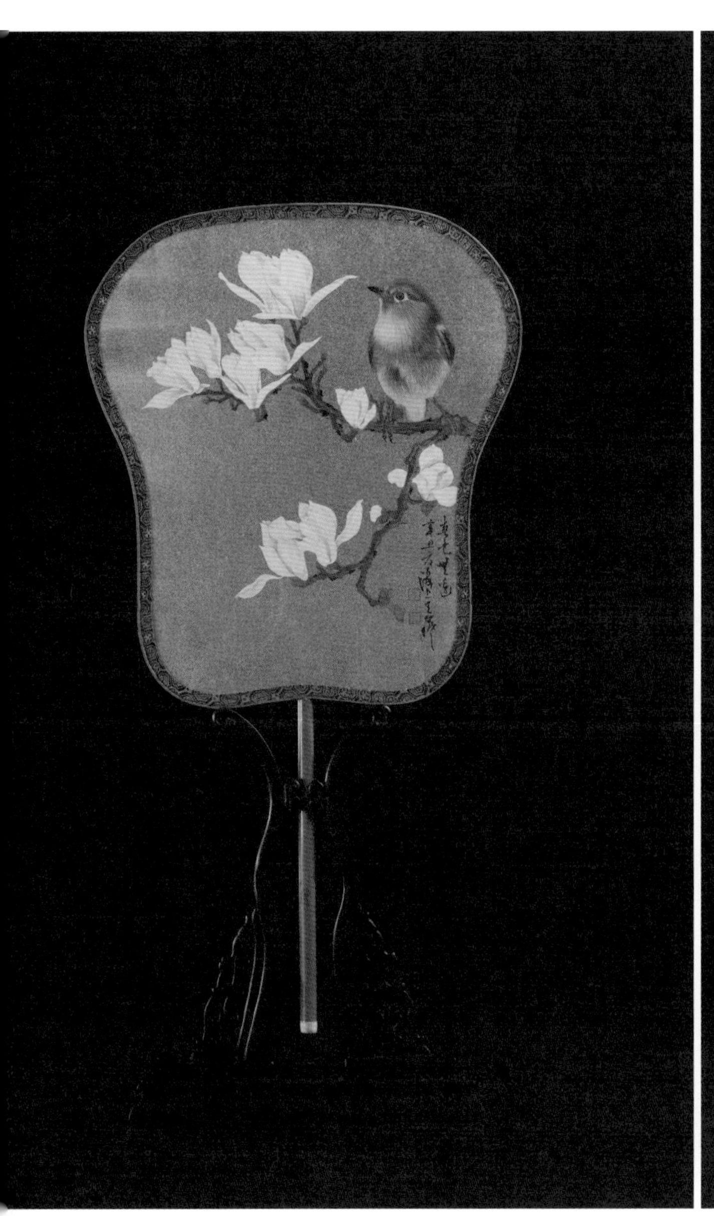

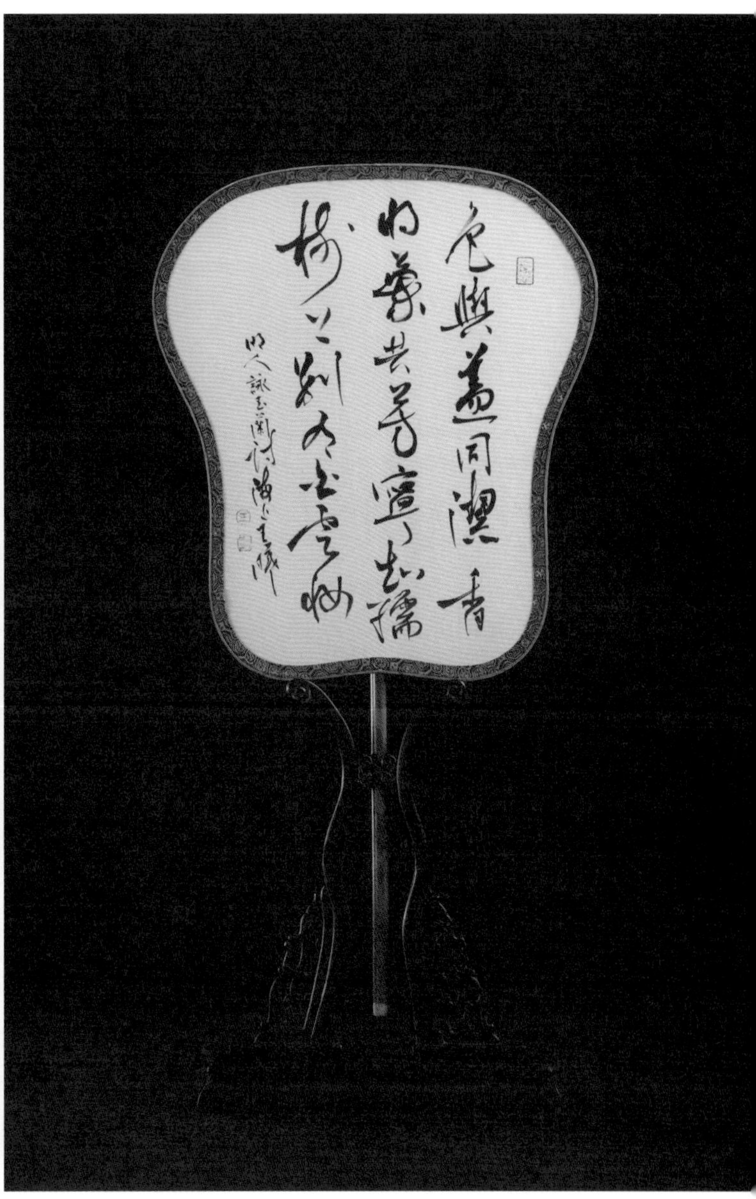

团扇面

5. 便笺

为了方便试纸，锦龙堂专门开发设计了A4纸大小的十二色洒金、描金便笺，既可用作信笺，或创作单一书画作品，亦可后期装裱成册，自行把玩。

便笺

其它拓展作品欣赏

1. 虹光笺

“垂虹桥下水拍天，虹光散作真珠涎。”“虹光笺”之名，取自元代诗人杨维桢的《红酒歌》。此笺在蜡笺原本的制作流程基础上增加了部分特殊工艺，使宣纸自然晕染，以仿古色为底色，纸面出现七彩虹光，精巧流丽，新人眼目。虹光笺由笔者团队研制而成，是蜡笺技艺的再创造。

描金花鸟虹光蜡笺

2. 磁青笺

磁青纸一作“瓷青纸”，始制于明宣德年间，系用靛蓝染料染成。其色泽与当时所流行的青花瓷相似，因之得名。纸色呈蓝黑，坚韧如缎素，金银施于其上，经久不褪，溢彩流光，又不失古朴典雅。海派磁青蜡笺的表面形成独特光泽，用金粉书写于其上，彰显贵气，同时亦别具沉静之美。

磁青蜡笺

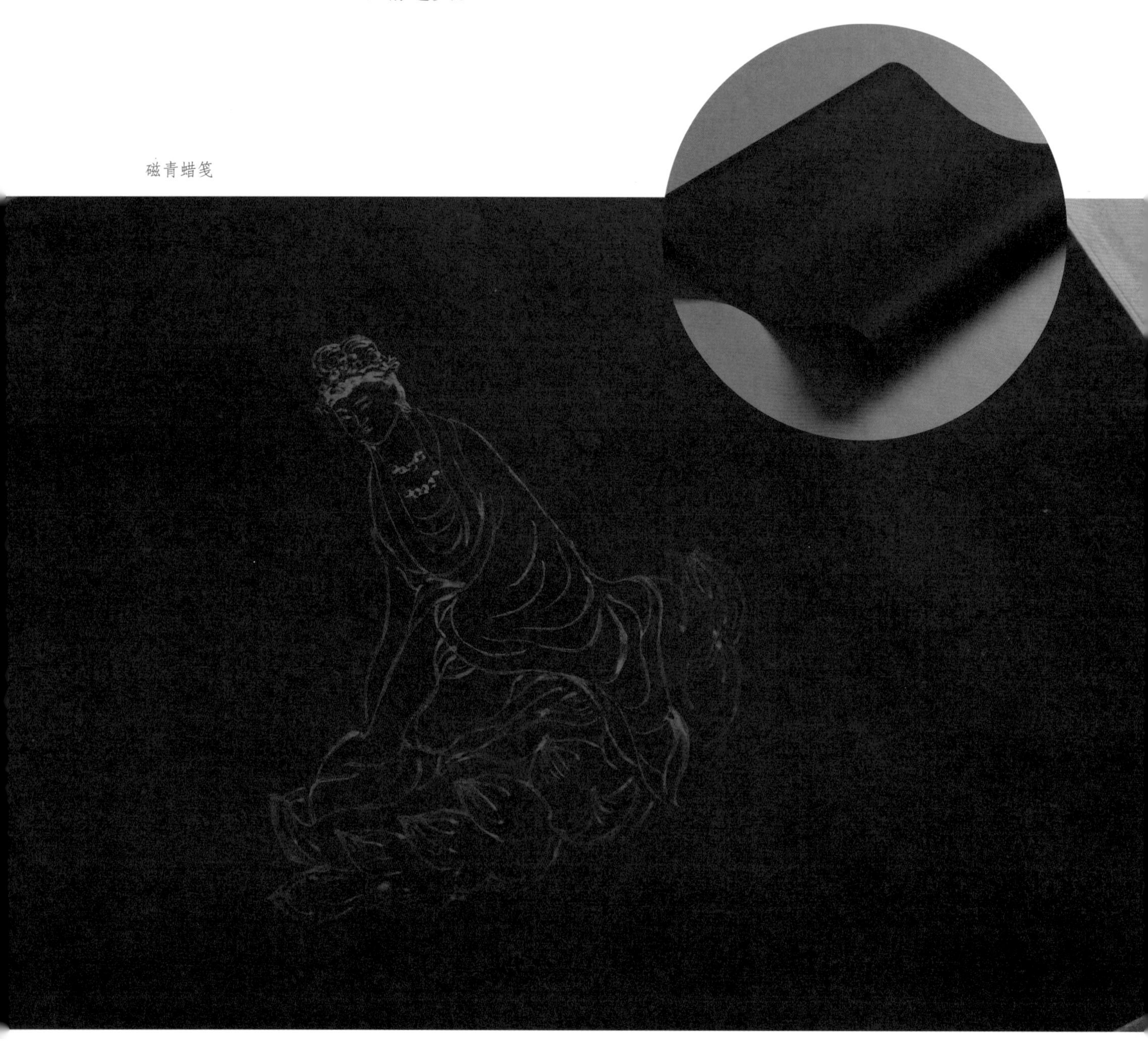

二 | 海派蜡笺技艺与当代文化名人

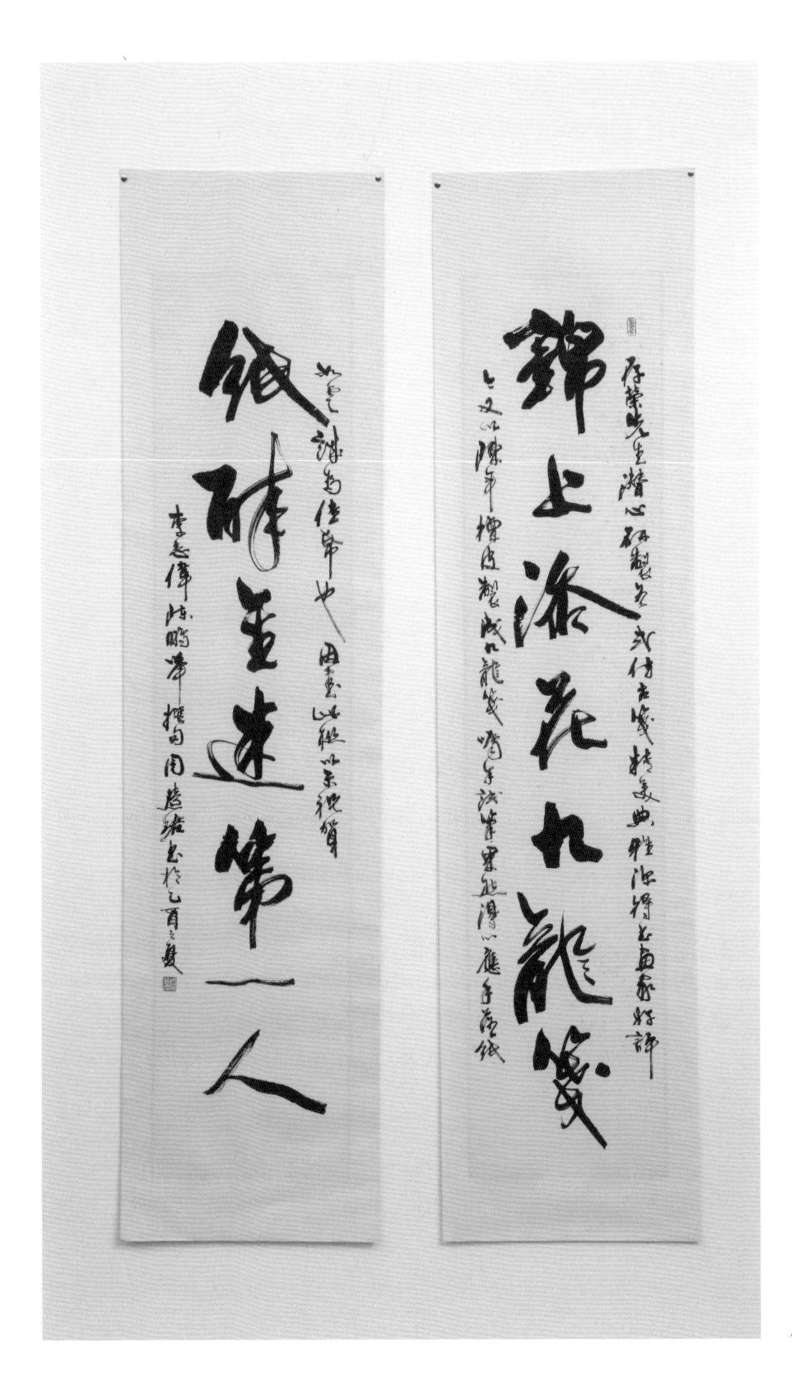
周慧珺对联

二十多年来，锦龙堂制作的海派蜡笺得到国内书画界多位名家的认可。作为书画用纸，它也已远销海外，受到日本、新加坡等国家和地区书画商们的喜爱。原上海书法家协会主席、中国书法家协会副主席周慧珺更是为笔者题写了对联：“锦上添花九龙笺，纸醉金迷第一人。”

原上海书法家协会副主席刘小晴，撰有八百多字的《锦龙堂记》，并以小楷题写。

锦龙堂记

气有清浊，质分厚薄，品格不一，优劣自见。故，凡物之可用、可赏、可藏、可流芳千古而不朽者，必藉其文质也。昔人谓善书者不择纸笔，此世俗之论、欺人之谈也。纵观历代名家真迹，虽经数百千年而色如新，楮不脆裂，是赖神物之呵护。俗谓工欲善其事，必先利其器。是玩物者当求其精，方可秉物以游心，文房器具岂可轻视哉。

笔赖四德而愈健，墨分五色而斑烂，楮寿千年而弥永，如是下笔之际，可作不妄之想也。

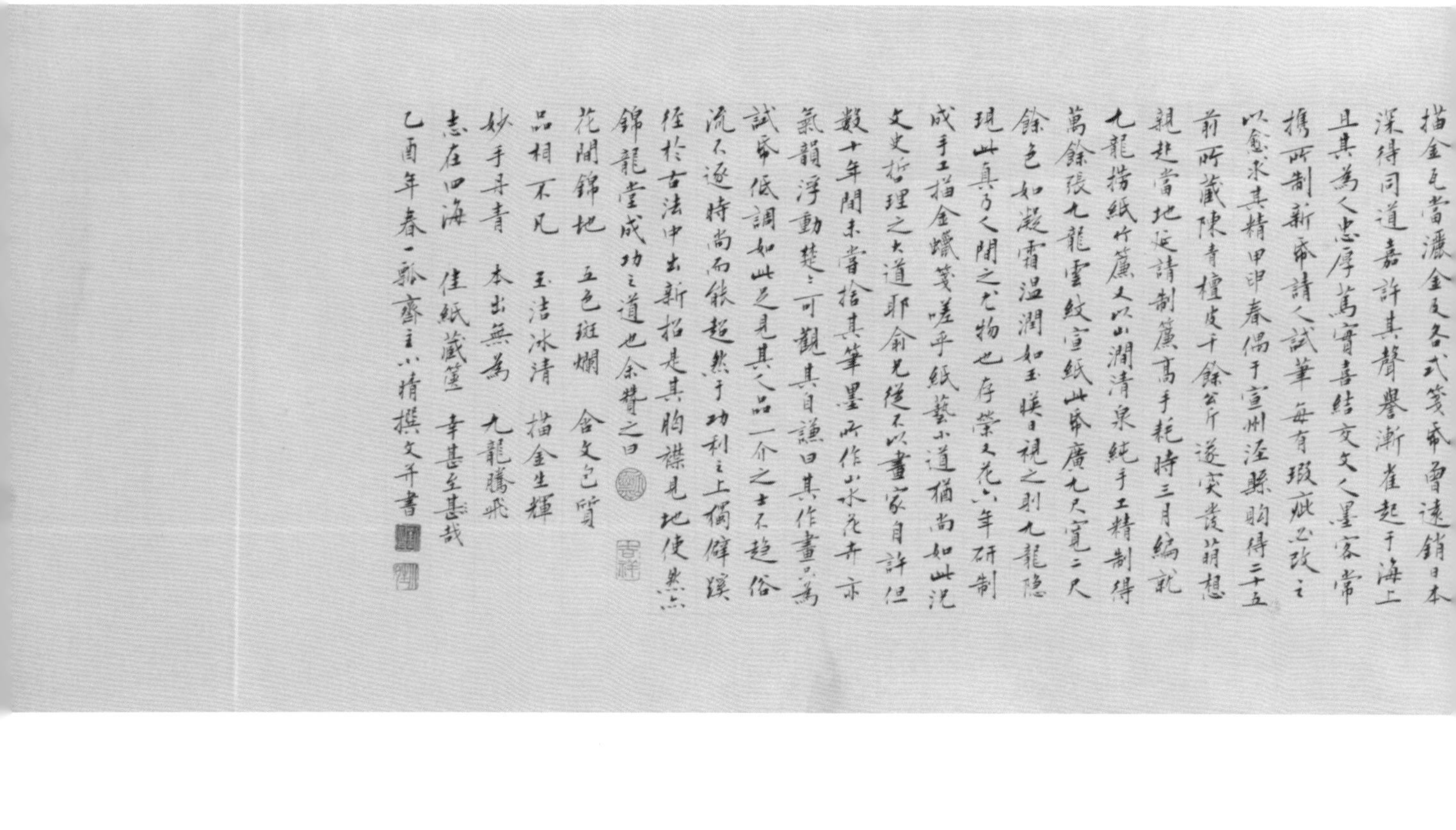

刘小晴创作《锦龙堂记》

造纸一业，肇东汉二千余年来，工艺日臻完美，如晋之蚕茧、唐之硬黄、宋之澄清堂，皆当时名纸，为时人所赏也。明清以降，品种日渐繁多。于是名家之手迹与帋墨相辉映，虽吉光片羽亦为好事所收藏。文革后帋张需求与日而俱增，憾其质量却江河而日下，遂使书画家难觅称心之帋。于是旧纸身价倍增，因其数量极少，价格不菲，故少有问津者。

今有沪上锦龙堂主俞存荣者，风雅之士也，幼即酷爱丹青，操觚之余，情独钟于传统造纸工艺，遍访高手，博采众长，每获旧纸即仔细揣摩其样式，精心仿制。十余年来，其所制之仿古泥金蜡笺、描金瓦当、洒金及各式笺帋曾远销日本，深得同道嘉许。其声誉渐雀起于海上，且

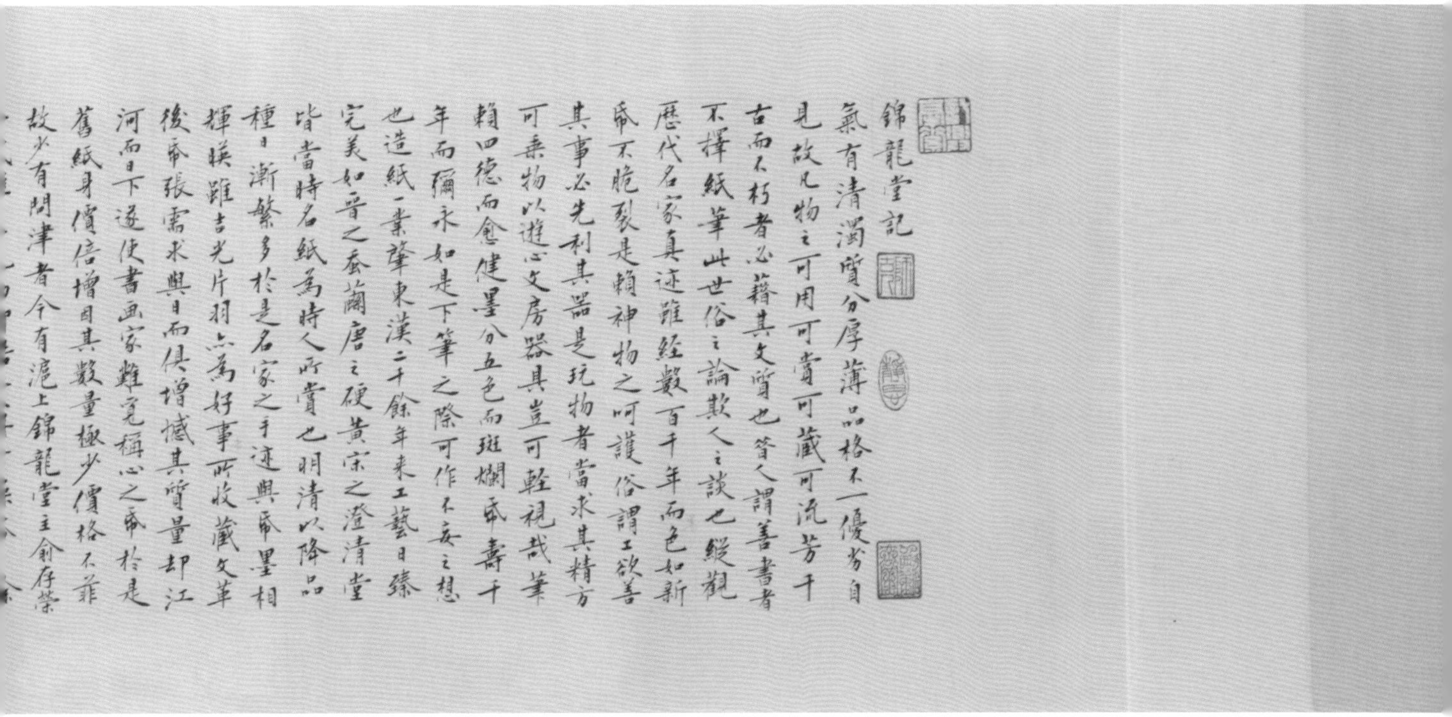
錦龍堂記

氣有清濁質分厚薄品格不一優劣自見故凡物之可用可賞可藏可流芳千古而不朽者必藉其文質也昔人謂善書者不擇紙筆此世俗之論欺人之談也縱觀歷代名家真迹雖經數百千年而色如新帋不脆裂是賴神物之呵護俗謂工欲善其事必先利其器是玩物者當求其精方可乘物以遊心文房器具豈可輕視哉筆賴四德而愈健墨分五色而斑爛帋壽千年而彌永如是下筆之際可作不妄之想也造紙一業肇東漢二千餘年來工藝日臻完美如晉之蚕繭唐之硬黃宋之澄清堂皆當時名紙為時人所賞也明清以降品種日日漸繁多於是名家之手迹與帋墨相輝映雖吉光片羽亦為好事所收藏文革後帋張需求與日而俱增憾其質量却江河而日下遂使書畫家難覓稱心之帋於是舊紙身價倍增因其數量極少價格不菲故少有問津者今有滬上錦龍堂主俞存榮

其为人忠厚笃实，喜结交文人墨客，常携所制新帋请人试笔，每有瑕疵必改之，以愈求其精。甲申春，偶于宣州泾县购得二十五前所藏陈青檀皮千余公斤，遂突发萌想，亲赴当地，延请制帘高手，耗时三月，编就九龙捞纸竹帘，又以山涧清泉纯手工精制，得万余张九龙云纹宣纸。此帋广九尺，宽二尺余，色如凝霜，温润如玉，映日视之，则九龙隐现。此真乃人间之尤物也。存荣又花六年研制成手工描金蜡笺。嗟乎纸艺小道，犹尚如此，况文史哲理之大道耶。

俞见从不以画家自许，但数十年间未尝舍其笔墨。所作山水花卉，亦气韵浮动，楚楚可观。其自谦曰，其作画只为试帋。低调如此，足见其人品，一介之士，不趋俗流，不逐时尚，而能超然于功利之上，独辟蹊径，于古法中出新招，是其胸襟见地使然，亦锦龙堂成功之道也。余赞之曰：

花间锦地　五色斑烂　含文包质　品相不凡　玉洁冰清　描金生辉　妙手丹青　本出无为　九龙腾飞　志在四海　佳纸藏箧　幸甚至哉

乙酉年春 一瓢斋主　小晴撰文并书

他们为海派蜡笺技艺的推广和创新提出了许多意见与建议，同时也传递了中国文人“天人合一”“道法自然”的人文精神。笔者一生朋友甚多，君子之交淡如水，人生如此，乐哉乐哉。以下以部分名家的蜡笺试笔照片为念，回忆过往，感怀之余，更思踔厉奋进。（照片排序不分先后，故者为先，皆按姓氏笔画排序）

王康乐

陈佩秋

高式熊

刘一闻

刘小晴

何家英

陈燮君

张森

林海钟

韩天衡

童衍方

锦龙堂在海派蜡笺技艺方面的研究和改进，与书画界前辈、大家的试笔、照顾、建议是分不开的。正是通过书画家们多年来持续使用蜡笺的反馈和体会，锦龙堂才能在恢复和传承古代宫廷蜡笺制作的核心技术的同时，又结合现代人的实际需求，令海派蜡笺的制作在技术上更趋成熟，在理念上更契合现实生活和现代书画艺术的发展。在此，经书画界好友允许，略展部分作于蜡笺之上的书画作品，与读者诸君共赏，共勉之。（以下书画作品排序不分先后，以作者已故者为先，皆按姓氏笔画排序）

▸▸ 文化名流书画作品

王康乐《锦龙堂》

陈佩秋 / 海派书画大家、中国美术家协会会员、上海中国画院画师、原上海大学美术学院兼职教授

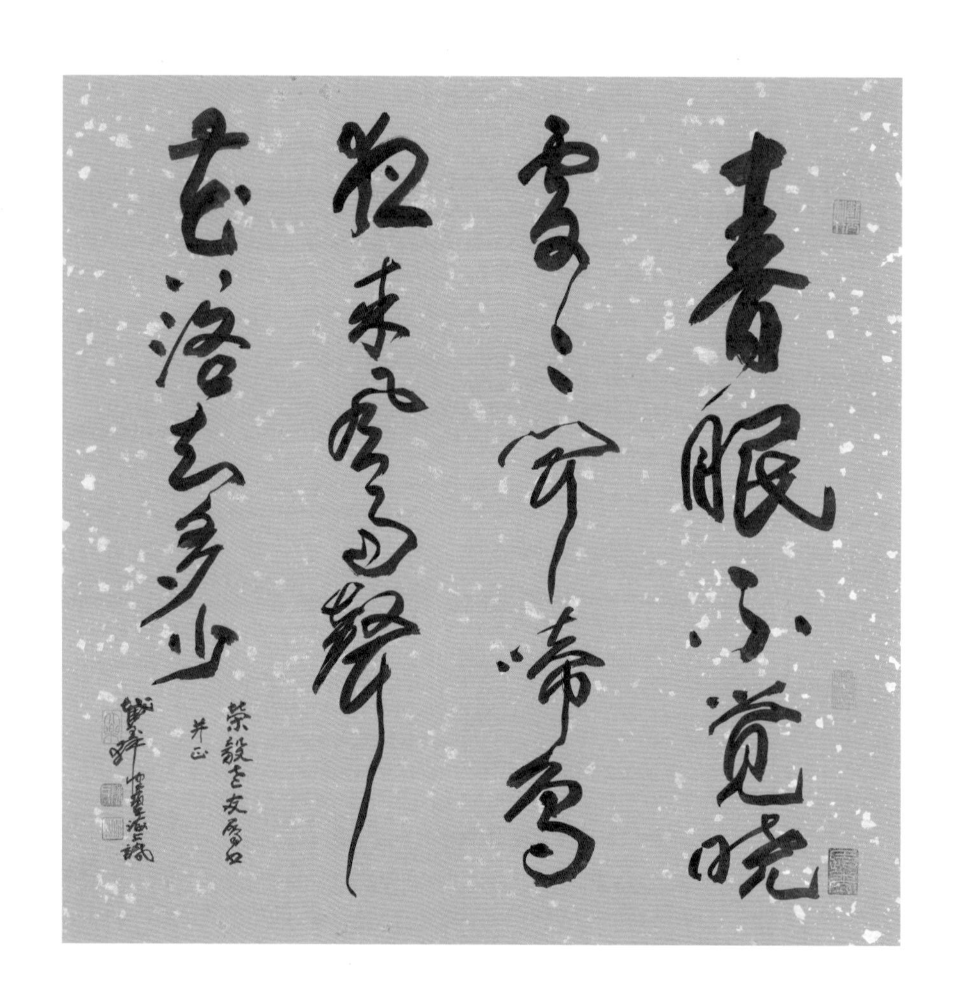

陈佩秋《春晓》

程十发／海派书画巨匠、原上海中国画院院长、上海市美术家协会副主席

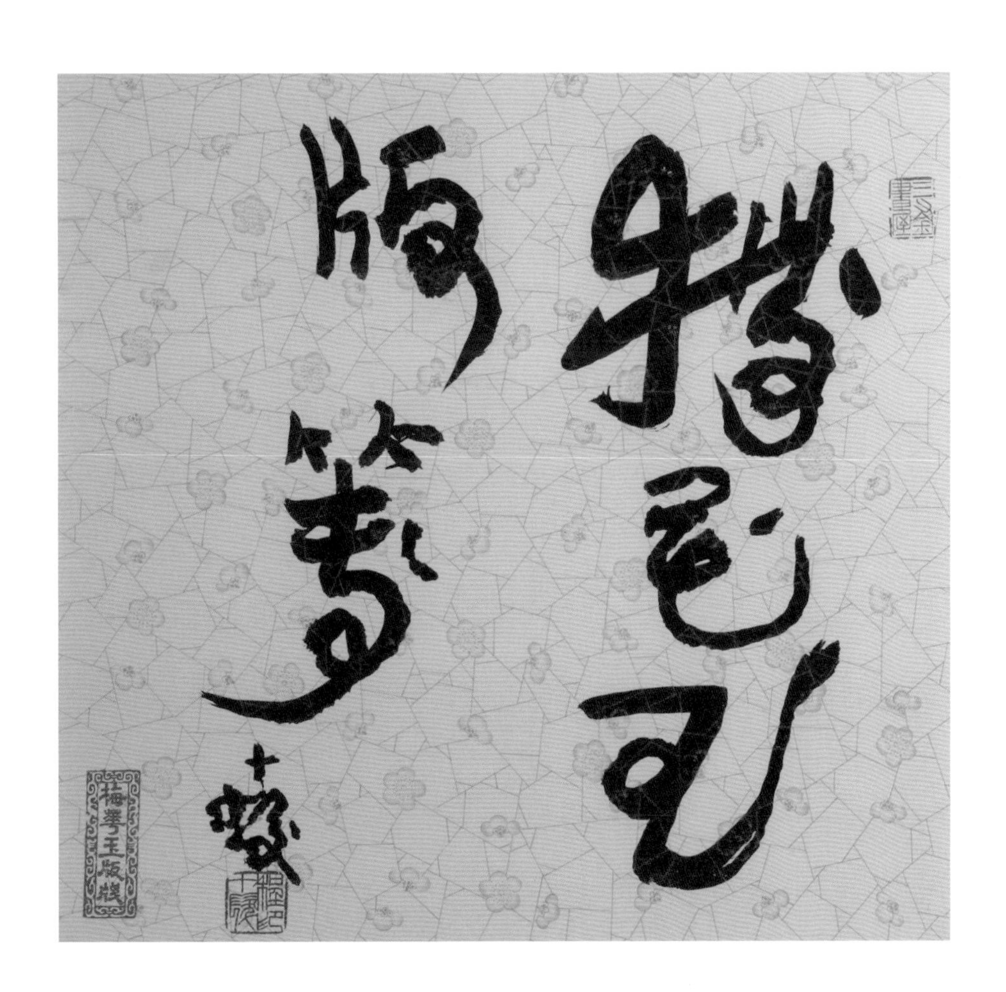

程十发《描花玉版笺》

戴小京／原中国书法家协会理事、上海市书法家协会副主席、上海市文史研究馆馆员、国家一级美术师

戴小京《三年笔授中郎秘，一榻灯横陆羽经》

王曦 / 中国书法家协会会员、上海市书法家协会理事、上海市美术家协会会员、上海书画院画师

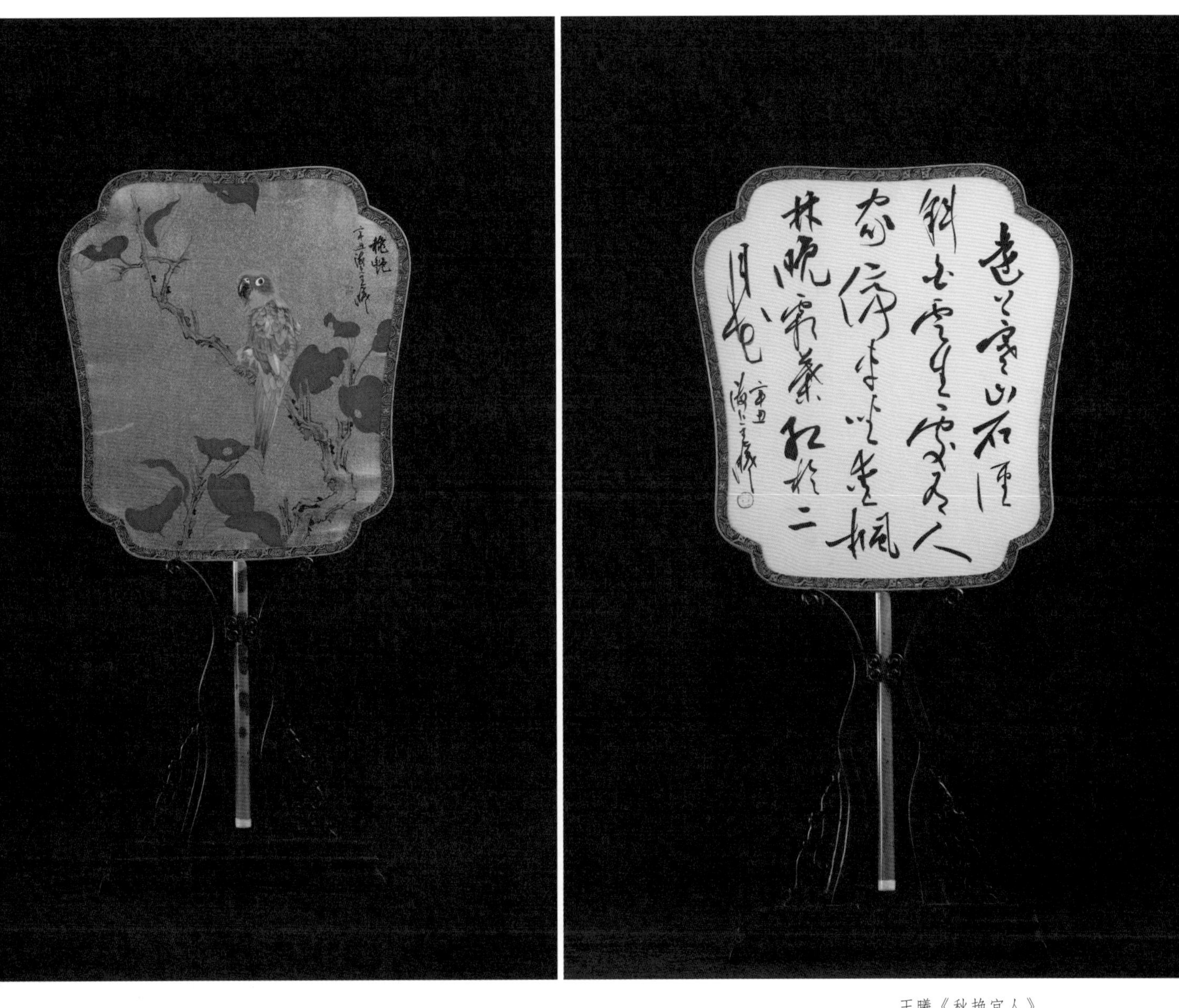

王曦《秋艳宜人》

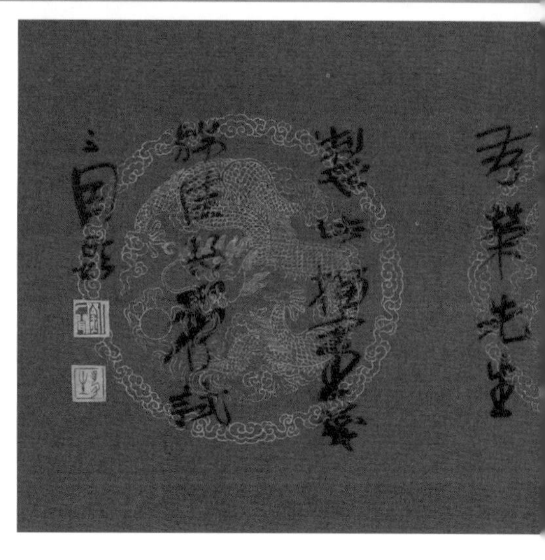

刘一闻《龙潭居》

车鹏飞《锦龙堂》

车鹏飞 / 原上海中国画院副院长、国家一级美术师、中国美术家协会会员、上海市美术家协会常务理事

刘一闻 / 上海市书法家协会顾问、中国书法家协会第五届理事会理事、西泠印社社员、上海博物馆研究员

车鹏飞《美艺延年》

刘兆麟／中国书法家协会会员、现代民族书画艺术家协会副主席，敦煌中国画艺术创作委员会一级学术委员、上海市书法家协会会员

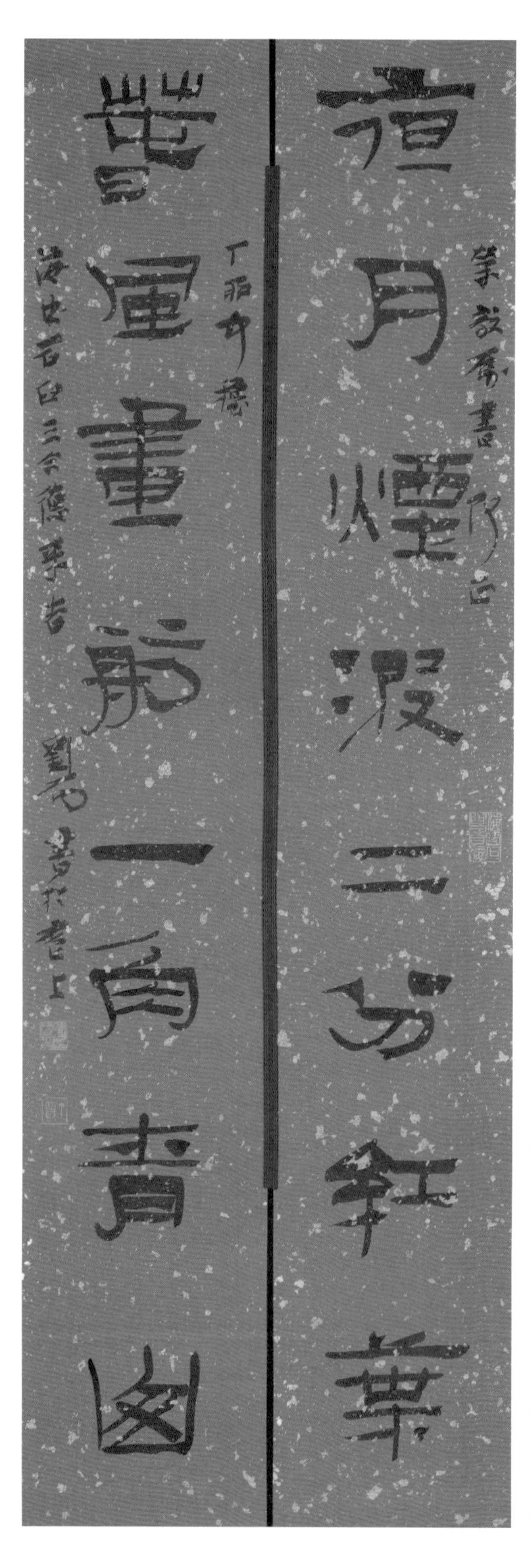

刘一闻《夜月烟波二分红叶，春风画舫一角青山》

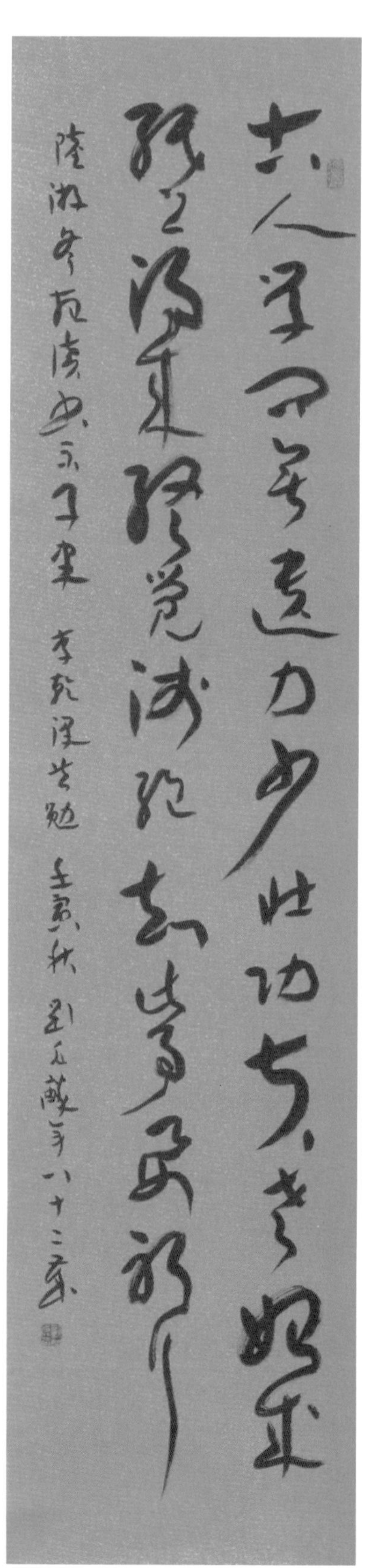

刘兆麟《冬夜读书示子聿》

陈鹏举 / 中国美术家协会会员、上海收藏鉴赏家协会会长、上海诗词学会副会长

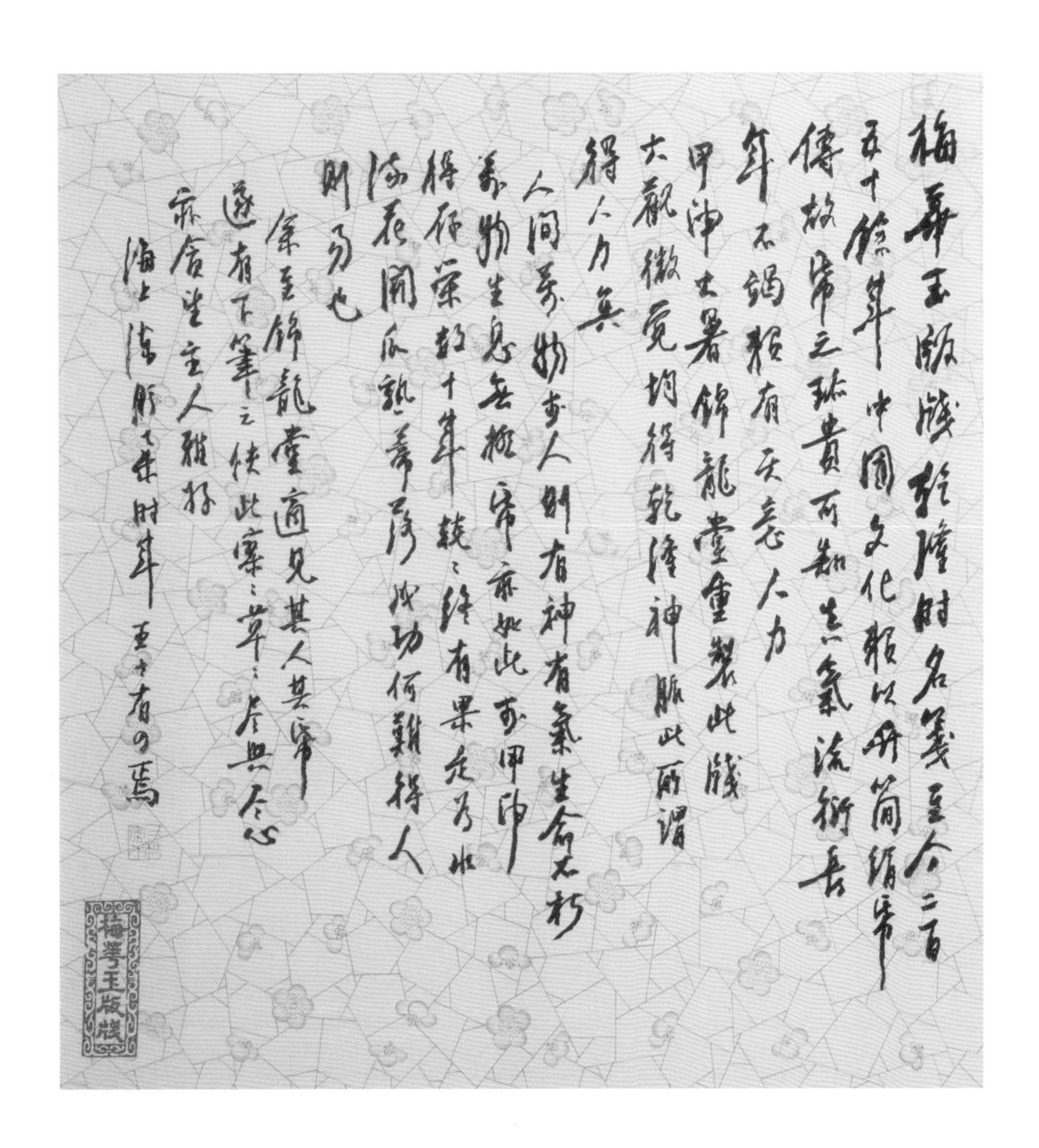

陈鹏举《梅花玉版笺》
梅花玉版笺，乾隆时名笺，至今二百五十余年。中国文化赖以竹简绢纸传，故纸之珍贵可知，真气流衍，长年不竭，赖有天意人力。甲申大暑锦龙堂重制此笺，大观微觉均得乾隆神脉，此所谓得人力矣。人间万物于人则有神有气，生命不朽，万物生息无极。纸亦如此。于甲申得存荣数十年兢兢，终有果，是为水流花开，瓜熟蒂落，成功何难，得人则易也。余至锦龙堂，适见其人其纸，遂有下笔之快，此潦潦草草，尽兴尽心，亦贪望主人雅好。海上陈鹏举，时年五十有四焉。

陈燮君 / 原上海市文化广播影视管理局党委书记、上海市文物管理委员会副主任、上海博物馆馆长、上海市美术家协会理事、上海市书法家协会常务理事

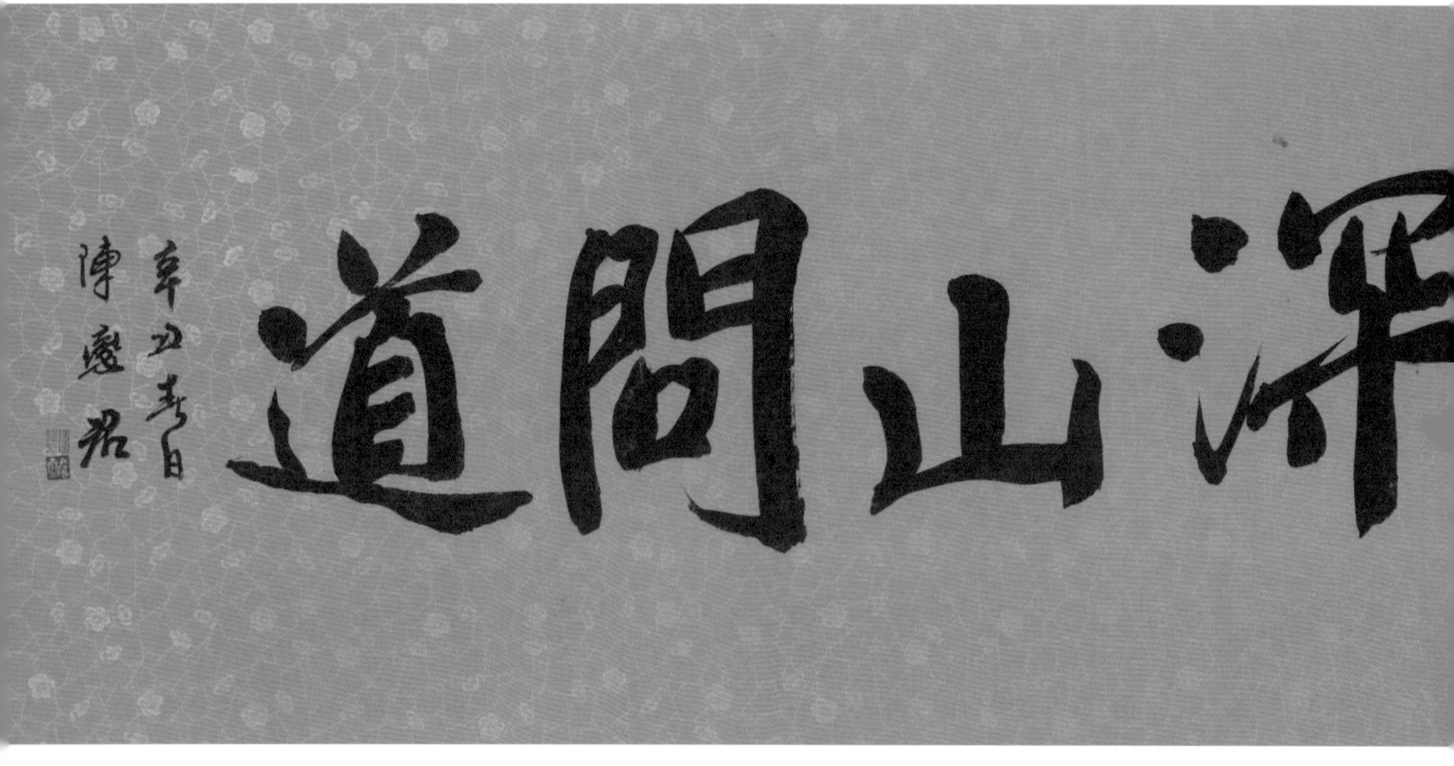

陈燮君《深山问道》

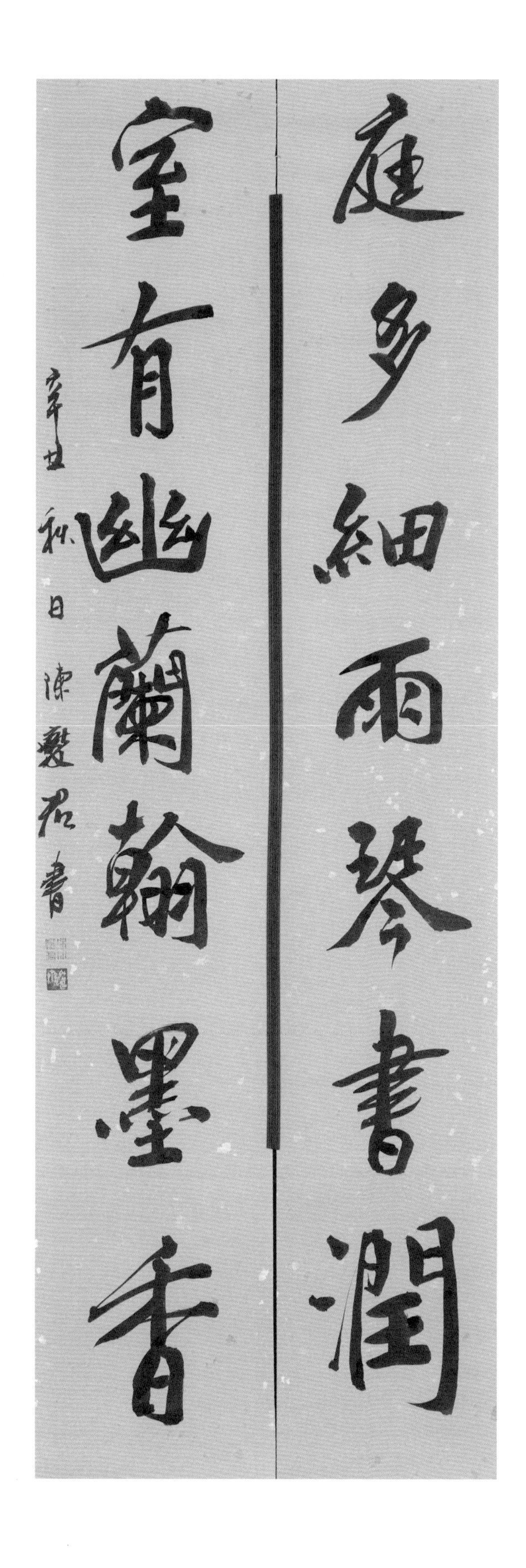

陈燮君《庭多细雨琴书润，室有幽兰翰墨香》

张济海 / 著名军旅书画家

张济海《厚德载物》

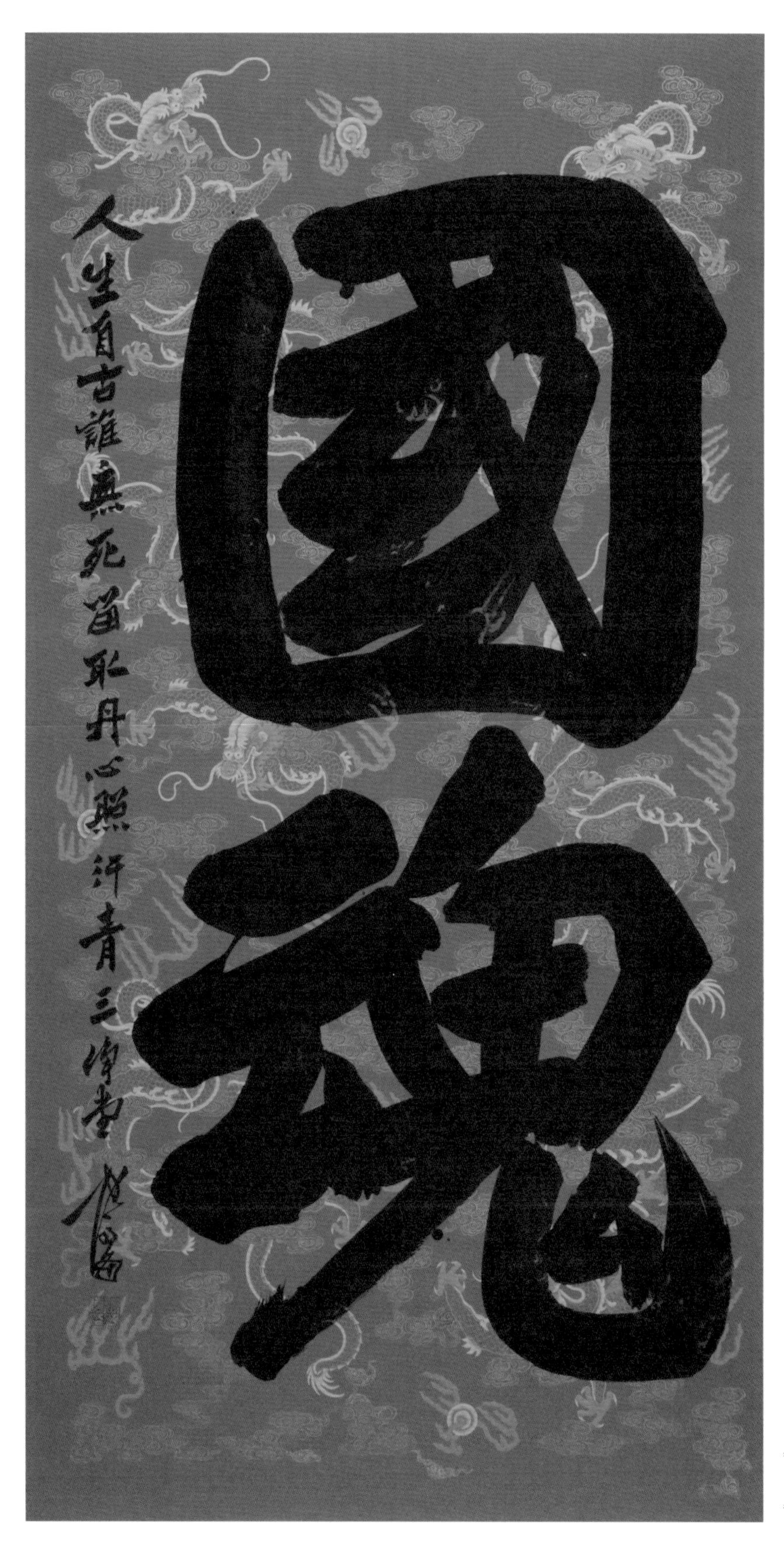

张济海《国魂》

杨惠钦 / 原大庆油田书画院副院长、大庆市书法家协会副主席、中国书法家协会会员、上海书画家协会会员

杨惠钦《金刚般若波罗蜜经》全文

单国霖 / 原上海博物馆书画研究部主任、国家文物鉴定委员会委员

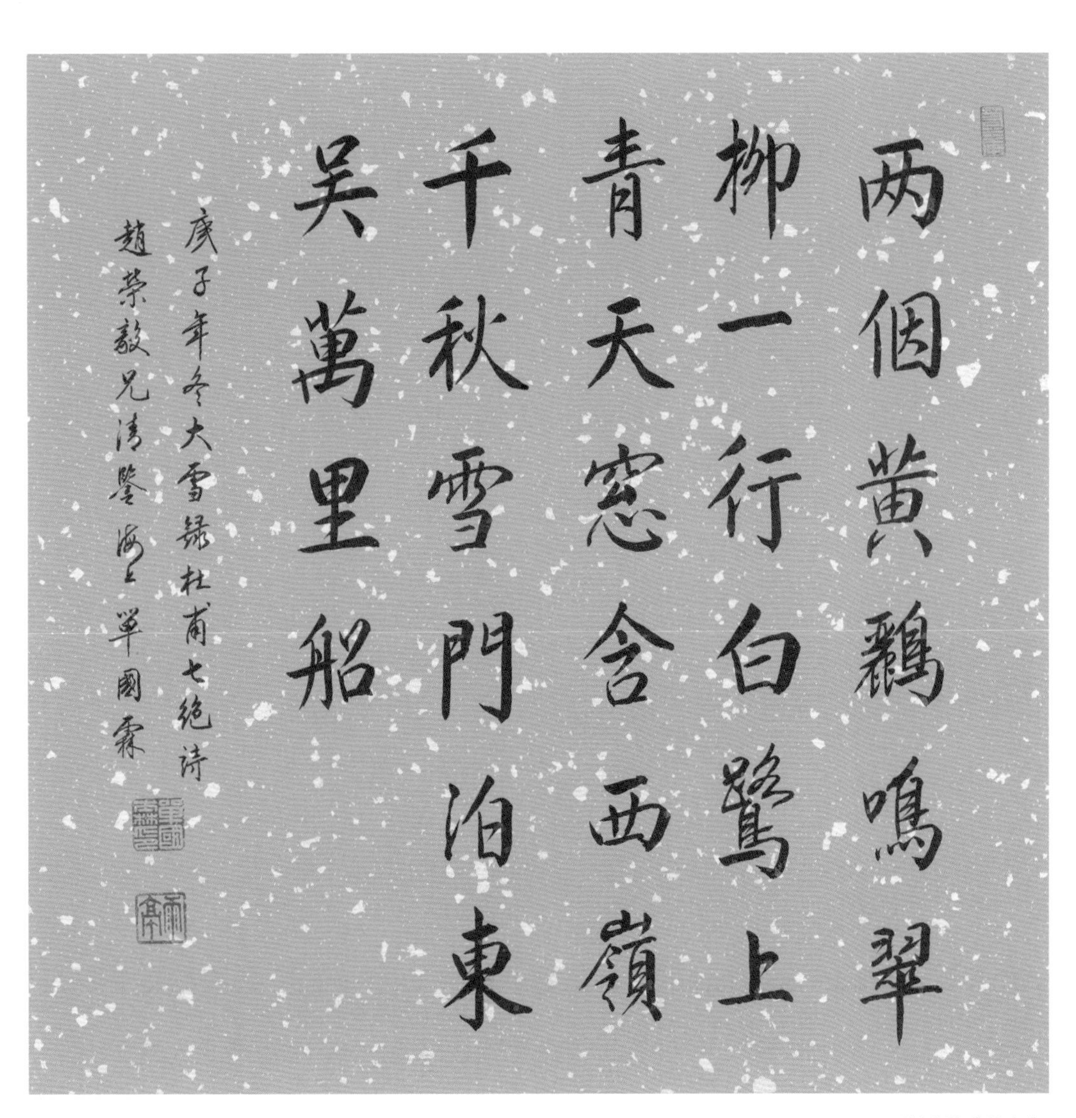

单国霖《绝句》

郑重／《文汇报》高级记者、文史专家、艺术评论家 ■

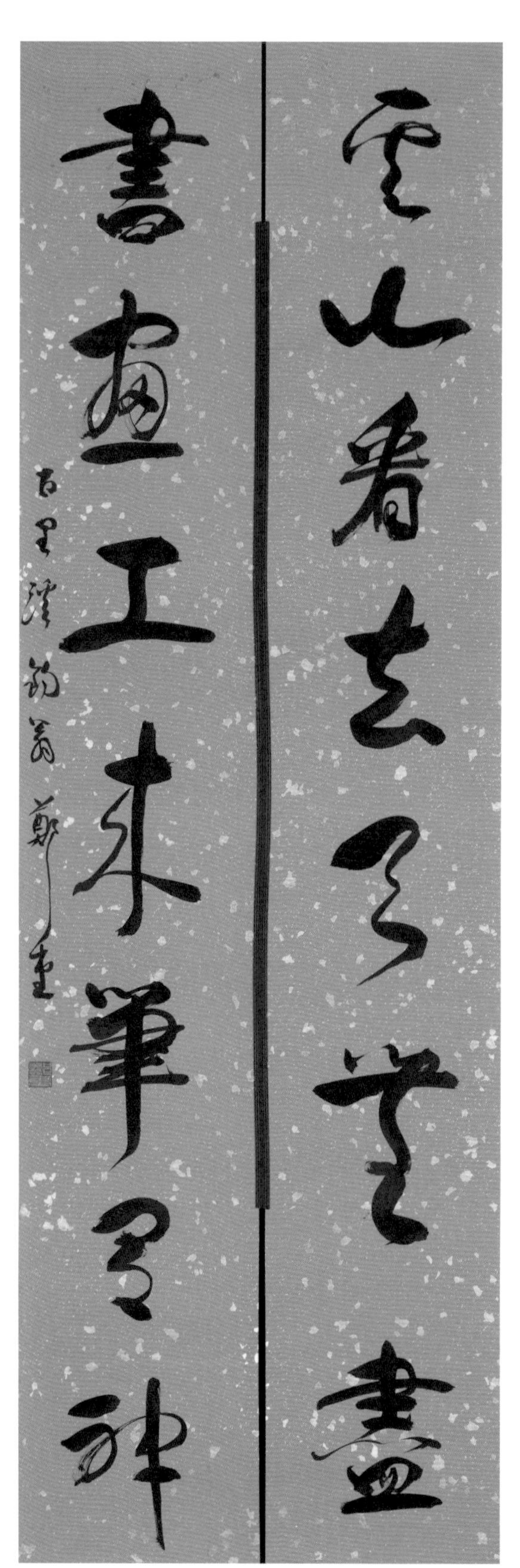

郑重《云山看去天无尽，书画工来笔有神》

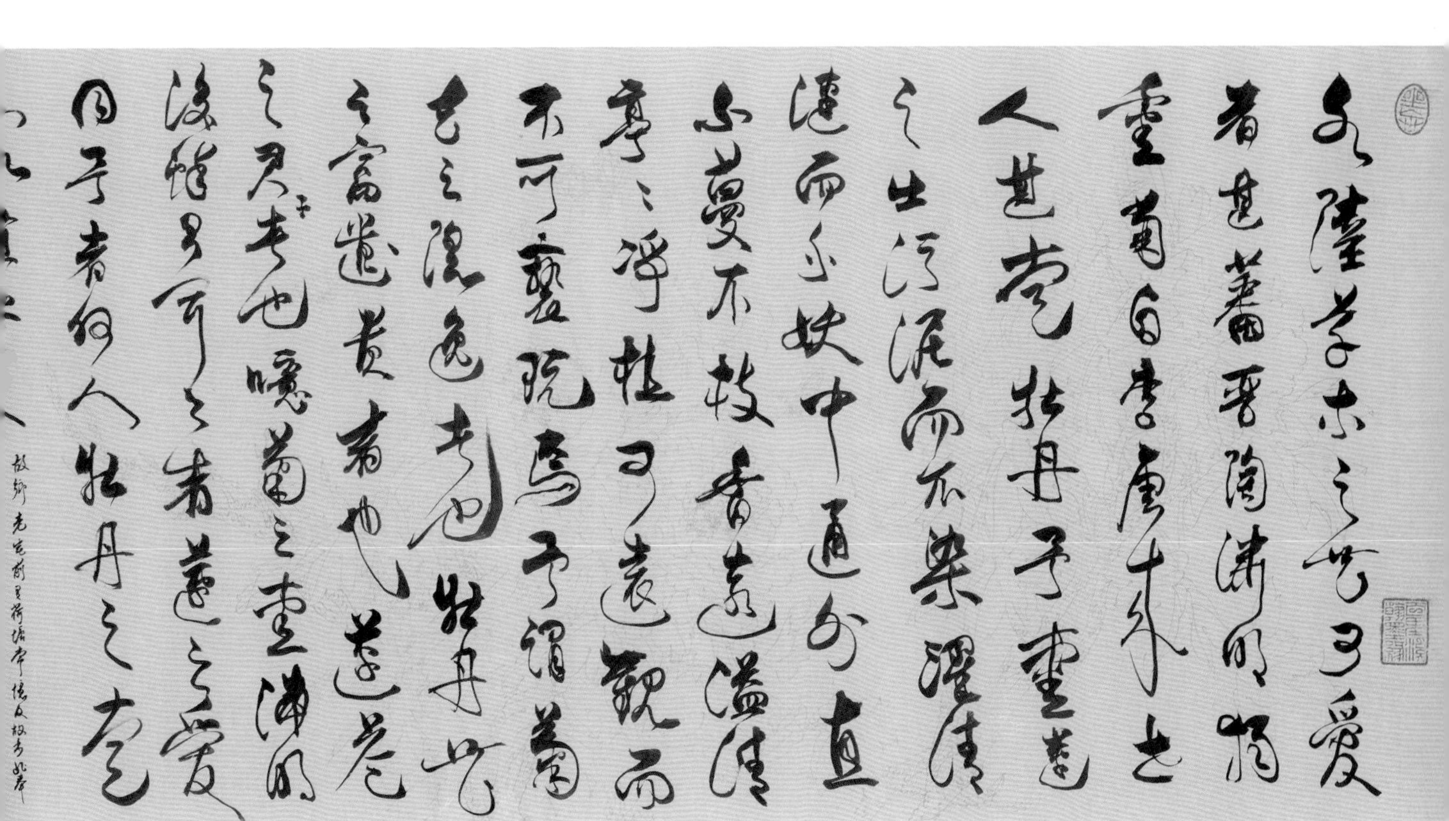

郑重《草书一篇》

徐秉方 / 国家级非物质文化遗产常州留青竹刻代表性传承人

徐秉方《红梅赞》

徐秉方《韧竹》

董桥 / 原《今日世界》丛书部编辑、《明报月刊》总编辑、《读者文摘》总编辑

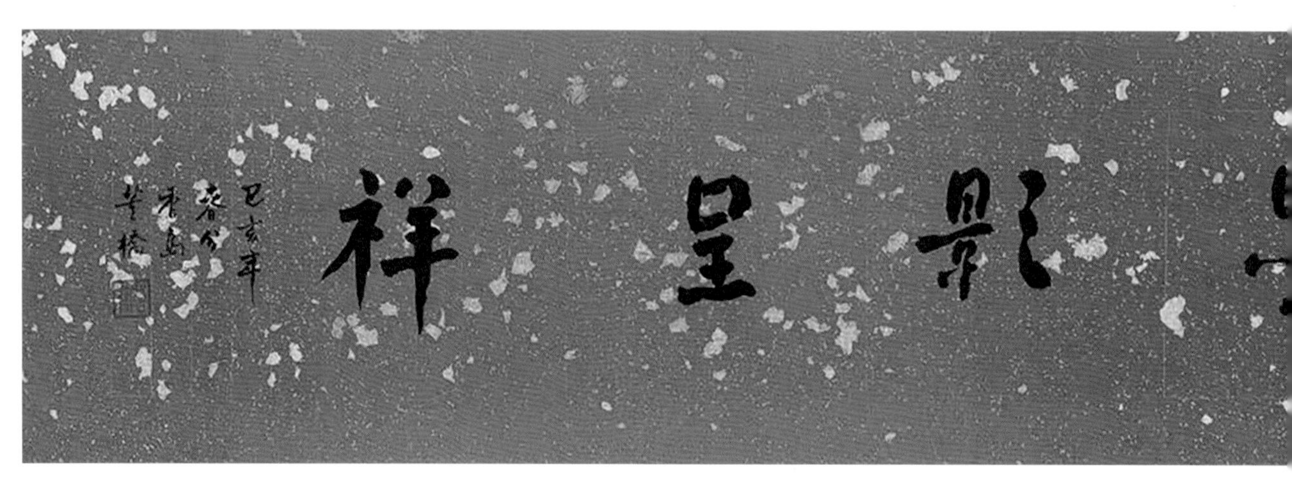

董桥《墨影呈祥》

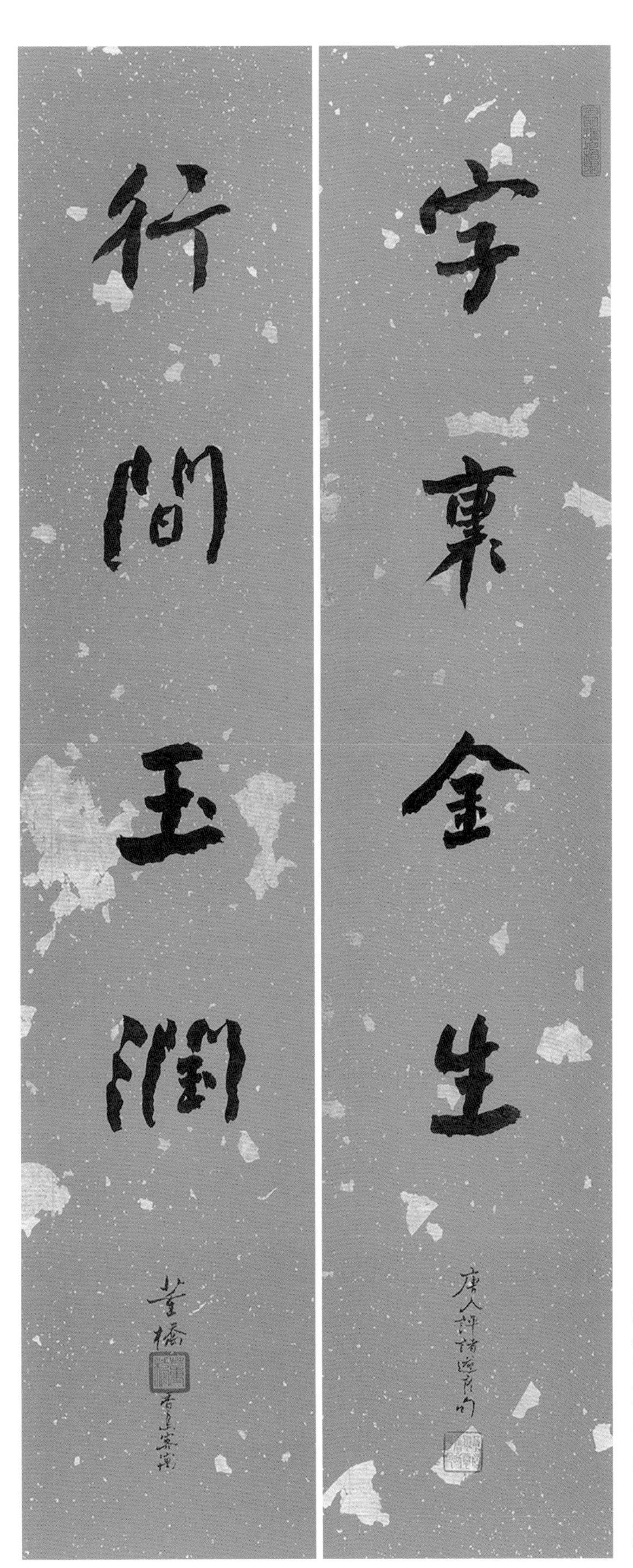

董桥《字里金生，行间玉润》

韩天衡 / 中国艺术研究院中国篆刻艺术院名誉院长、西泠印社副社长、上海中国画院顾问（原副院长）、国家一级美术师

韩天衡《独步》

童衍方／西泠印社副社长兼鉴定与收藏研究室主任、上海中国画院画师、国家一级美术师：《交有道文有神仁圃义路持以谨身行之勿替百岁有成》

童衍方《交有道文有神仁圃义路持以谨身行之勿替百岁有成》

道慈／普陀山普济禅寺方丈

道慈《越来越好》

照诚 / 上海龙华寺方丈

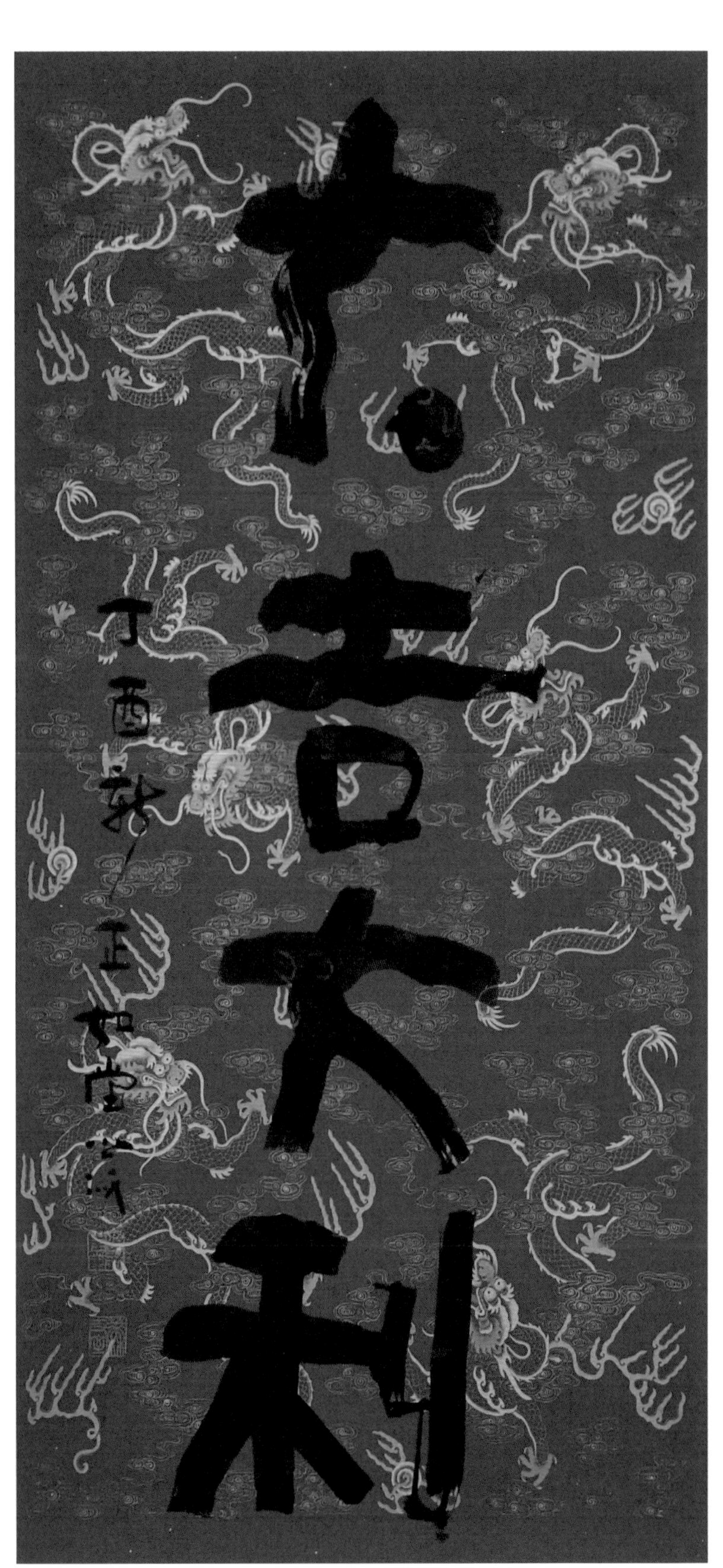

照诚《大吉大利》

蔡国声 / 文物鉴定专家、中国书法家协会会员

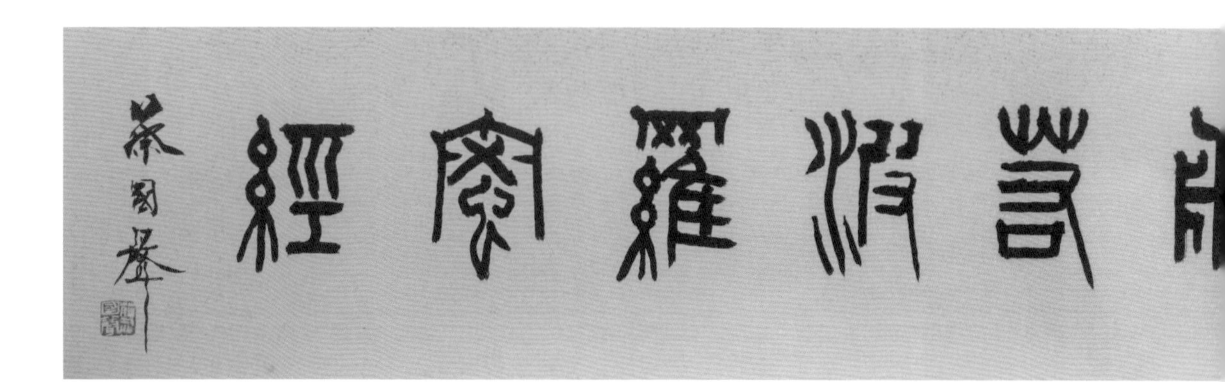

蔡国声《金刚般若波罗蜜经》引首

▶▶ 青年艺术家及书画爱好者的作品

锦龙堂的海派蜡笺源于宫廷，传于书画名流之间，但笔者更希望此技艺飞入寻常百姓家。随着生活水平的提升，人们追求美好生活的愿望愈加强烈，传统书画进入了社区、校园，普及至各个年龄层以及各行各业。书画爱好者可以用上古代宫廷书画加工纸，是锦龙堂传承、推广古法蜡笺技艺的初心和追求。近几年，不少书画爱好者慕名而来，其中有青年书画家、书画老师、在读学生、收藏爱好者……锦龙堂的蜡笺越来越受到他们的推崇和青睐，这里展示部分书于蜡笺的作品。（以下书画作品按作者的姓氏笔画排序）

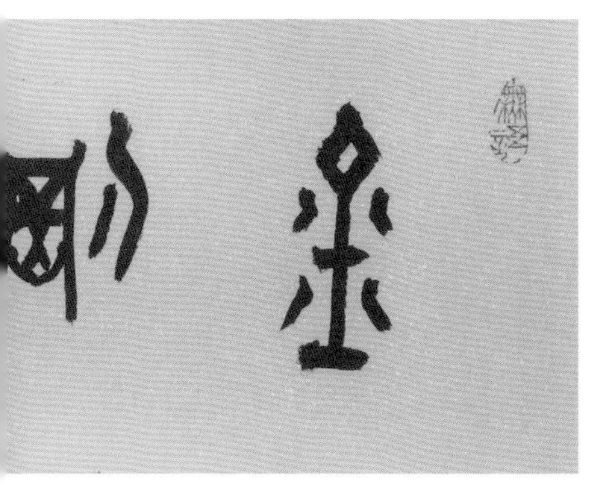

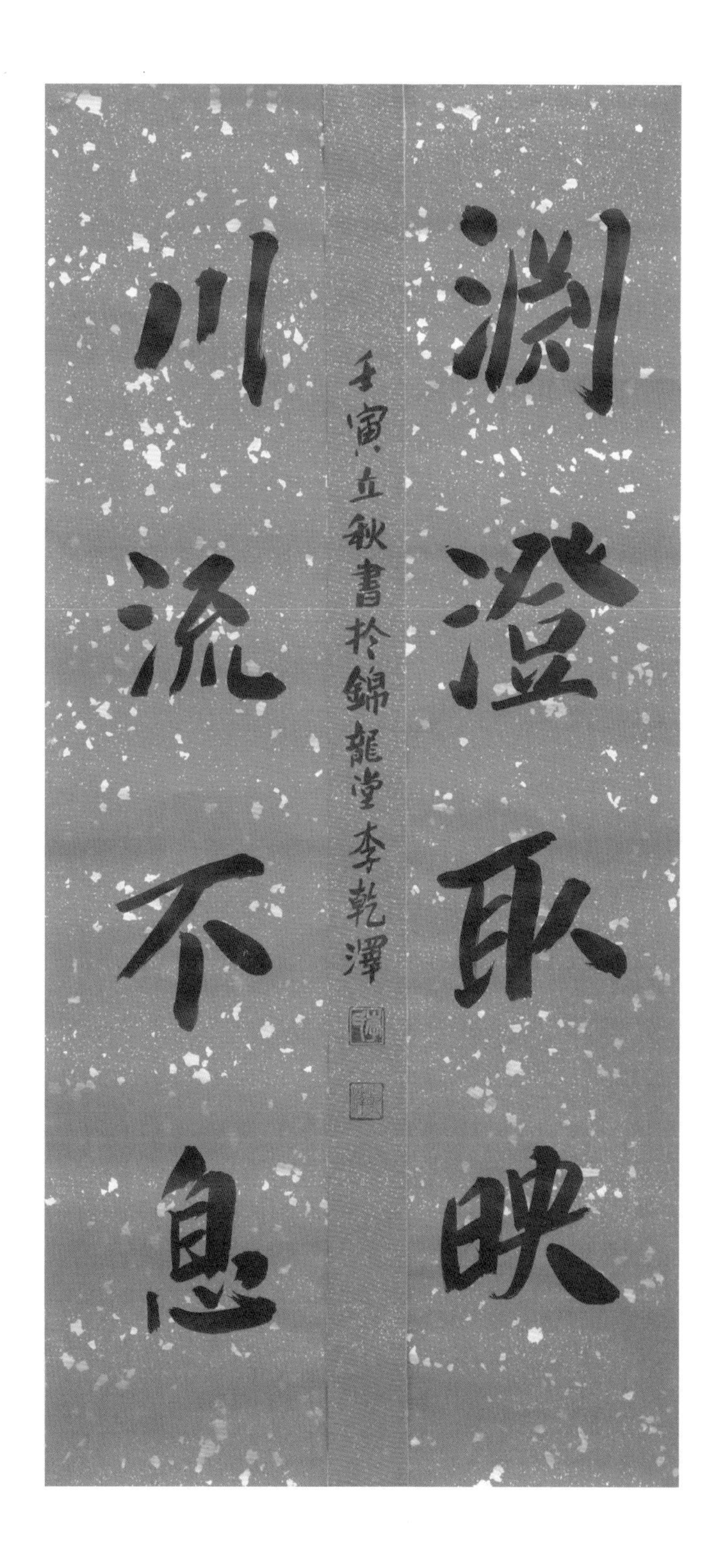

李乾泽《千字文》(节选)

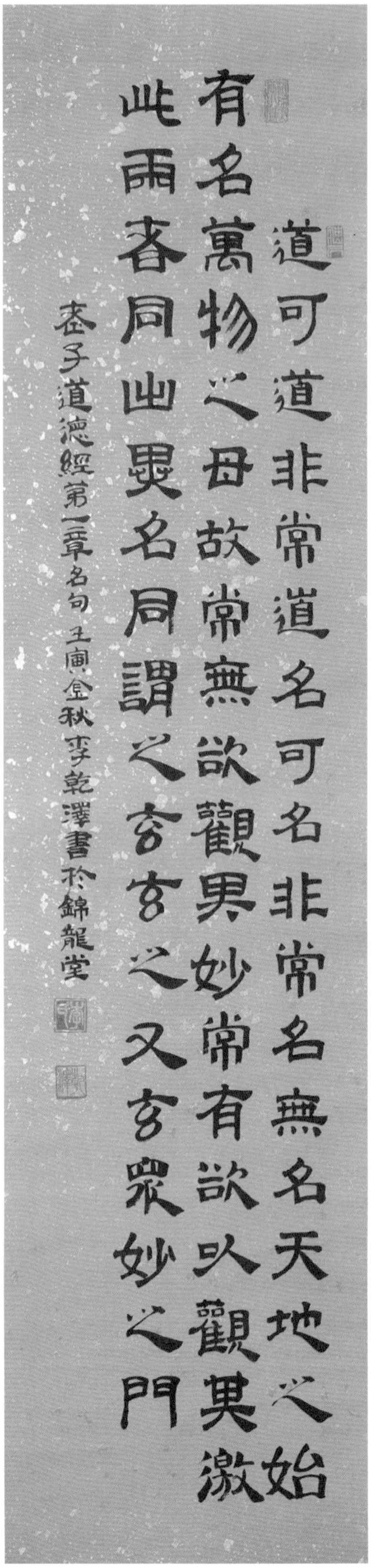
道可道非常道名可名非常名無名天地之始
有名萬物之母故常無欲觀其妙常有欲以觀其徼
此兩者同出異名同謂之玄玄之又玄衆妙之門
老子道德經第一章名句 壬寅金秋李乾澤書於錦龍堂

李乾泽《道德经》节选

余英皓《蝶恋花》扇面

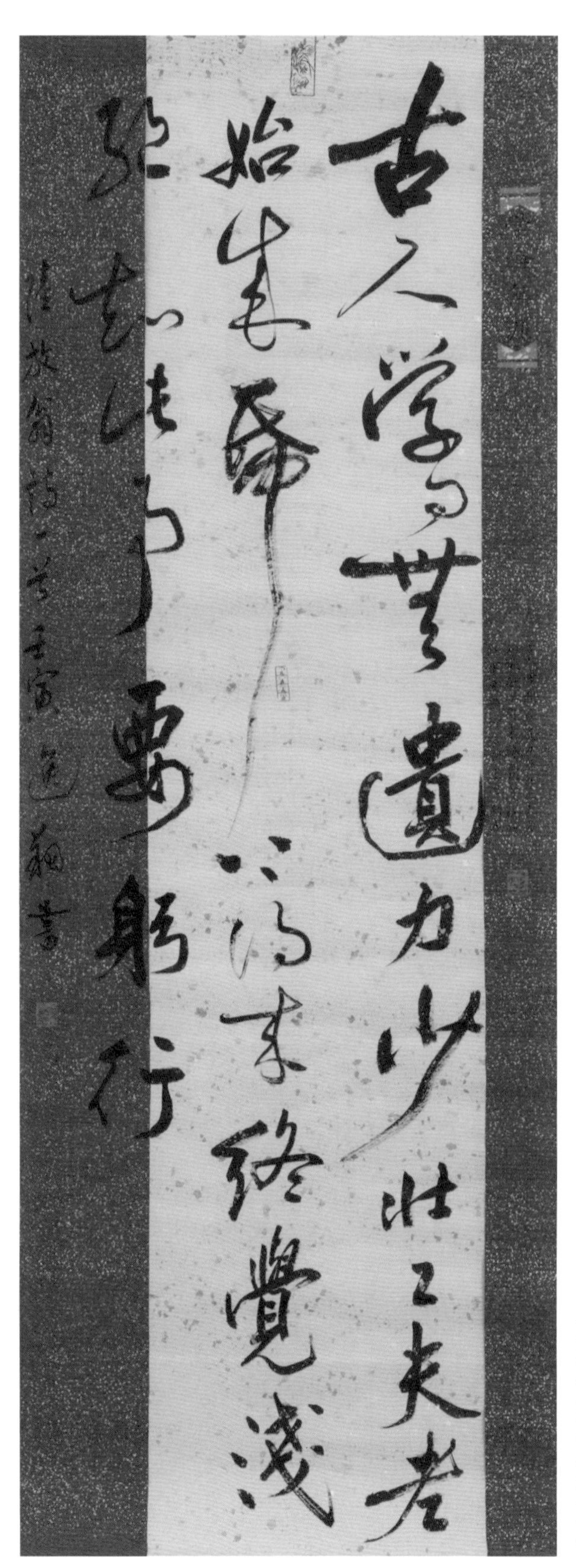

应逸翔《冬夜读书示子聿》

琴操十首
將歸操 孔子之趙聞殺鳴犢作
狄之水兮其色幽幽我將濟兮不得其由
涉其淺兮石齧我足乘其深兮龍入我
舟我濟而悔兮將安歸尤歸兮歸兮無與
石鬬兮無應龍求
猗蘭操 孔子傷不逢時作
蘭之猗猗揚揚其香不採而佩於蘭何傷
今天之旋其曷為然我行四方以日以年
雪霜貿貿薺麥之茂子如不傷我不
爾覯薺麥之茂薺麥之有君子之
傷君子之守
龜山操 孔子以季桓子受齊女樂諫不
從望龜山而作
龜之氛兮不能雲雨龜之枿兮不中
梁柱龜之大兮祇以奄魯知將隳兮
哀莫余伍周公有鬼兮嗟余歸輔

拘幽操 文王羑里作
目窈窈兮其凝其盲耳肅肅兮聽不[illegible]
聲朝不日出兮夜不見月與星有知無
知兮為死為生嗚呼臣罪當誅兮天王
聖明
岐山操 周公為太王作
我家于豳自我先公伊我承序敢有不
同今狄之人將土我疆民為我戰誰使死
傷彼岐有岨我往獨處爾莫余追無
思我悲
雉朝飛操 牧犢子七十無妻見雉朝飛
感之而作
雉之飛于朝日群雌孤雄意氣橫出當
東而西當啄而飛隨飛隨啄群雌粥粥
嗟我雖人曾不如彼雉雞生身七十年無
一妾與妃
履霜操 尹吉甫子伯奇無罪為後母
譖而見逐自傷作
父兮兒寒母兮兒飢兒罪當笞逐兒何
為兒在中野以宿以處四無人聲誰與兒
語兒寒何衣兒飢何食兒行于野履霜
以足母生眾兒有母憐之獨無母憐兒
寧不悲

別鵠操
商陵穆子娶妻五年無子父母欲其改
娶其妻聞之中夜悲嘯穆子感之而作
雄鵠銜枝來雌鵠啄泥歸巢成不生子
大義當乖離江漢水之大鵠身鳥之微
更無相逢日且可繞樹相隨飛
殘形操 曾子夢見一狸不見其首作
有獸維狸兮我夢得之其身孔明兮
而頭不知吉凶何為兮覺坐而思巫咸上
天兮識者其誰
[illegible]十月錄于石湖竹[illegible]
雅宜山人
乙亥九度臨

何轶（九度山人）临《琴操十首》

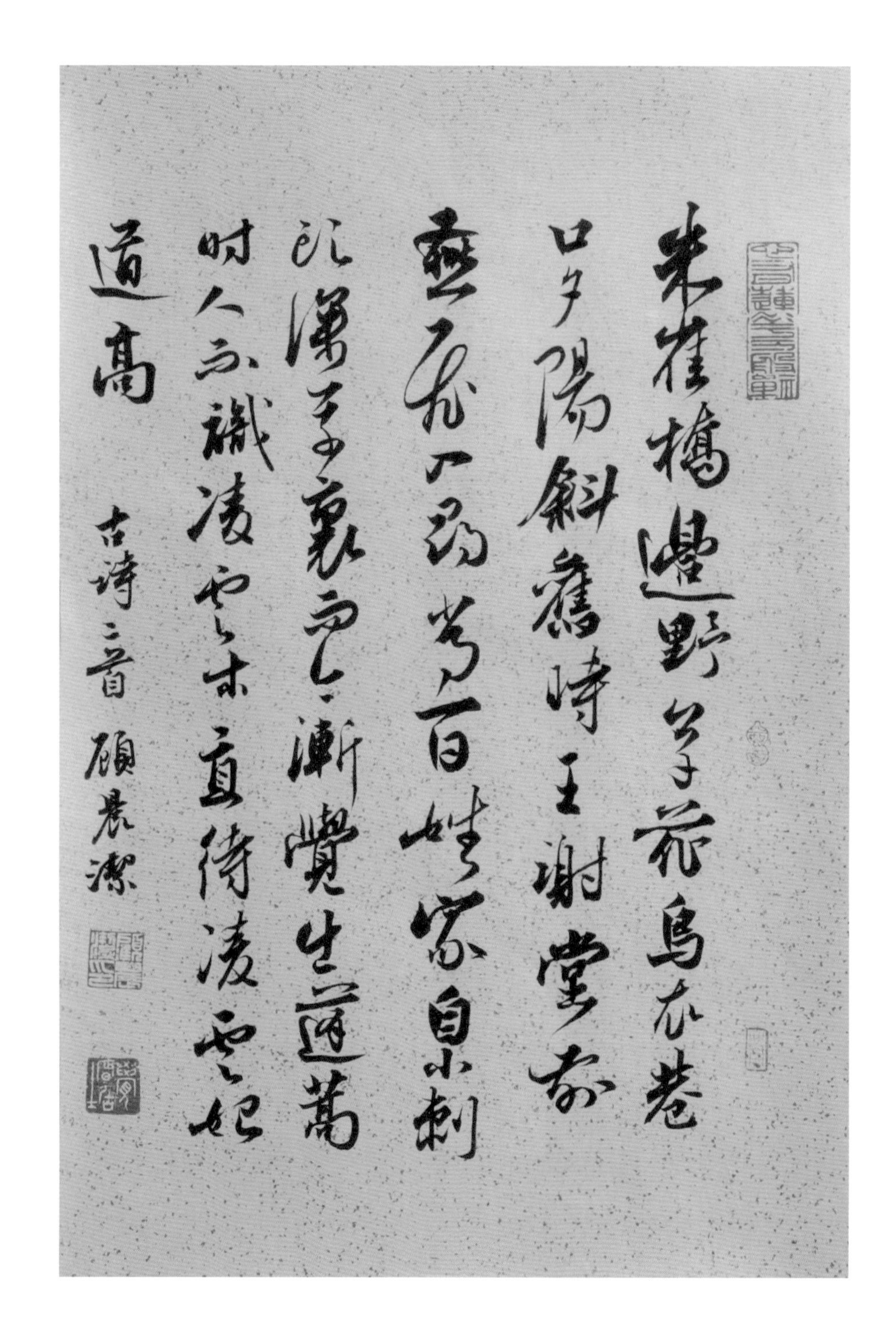

顾晨洁《古诗二首》

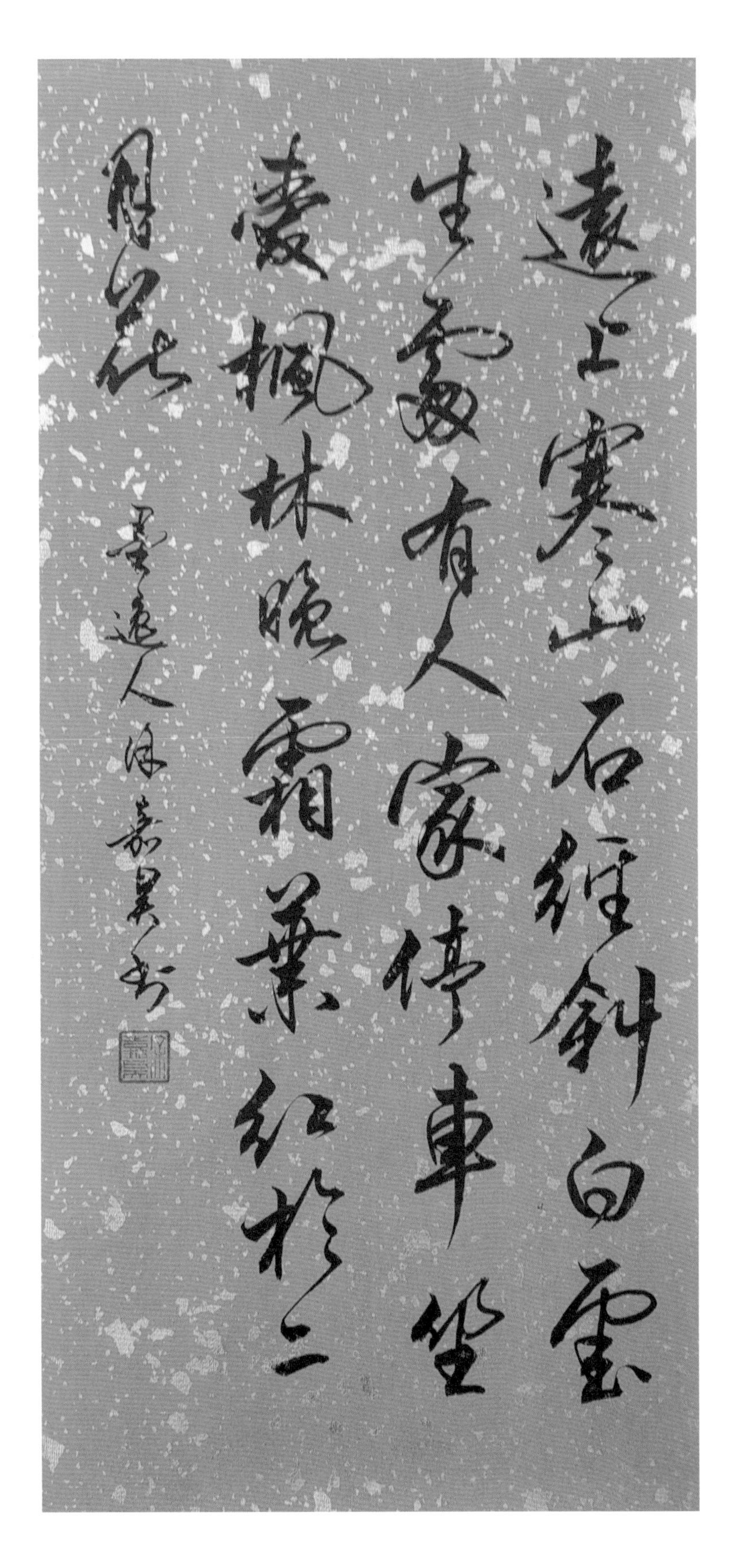

徐嘉昊《山行》

紅軍不怕遠征難萬水千山只等閑五嶺逶迤騰細浪烏蒙磅礴走泥丸金沙水拍雲崖暖大渡橋橫鐵索寒更喜岷山千裏雪三軍過後盡開顔

毛澤東詩一首 壬寅四月倪紫鑫

倪紫鑫《毛泽东诗词一首》

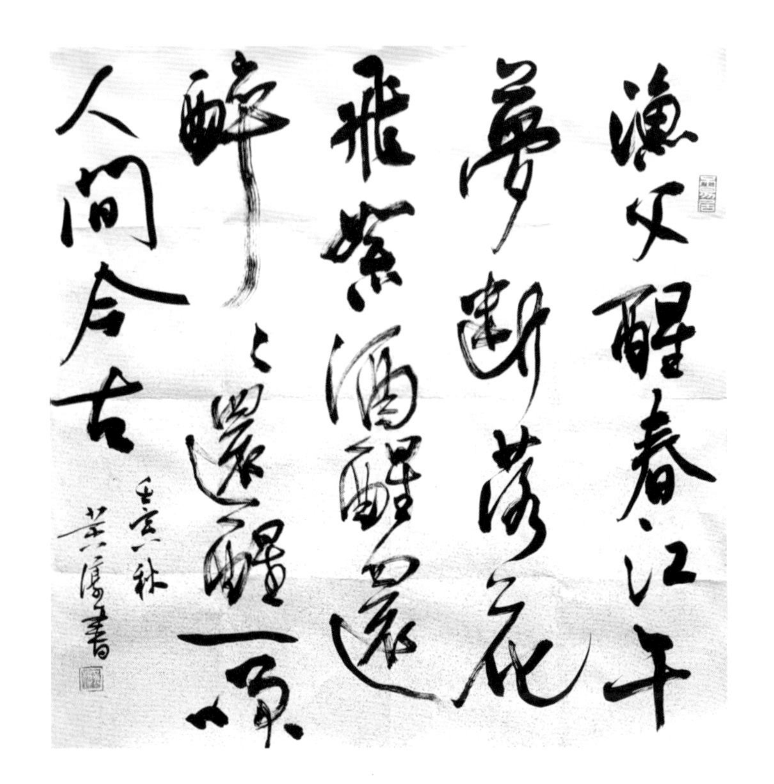

黄淳《渔父四首》

彭磊《面朝大海》

三 | 海派蜡笺技艺的传承推广

自二十世纪九十年代以来，笔者在海派蜡笺技艺的传承和推广方面始终没有停下脚步。为了使蜡笺技艺真正走进寻常百姓家，在保护单位上海市非物质文化遗产保护协会的精心指导下，锦龙堂尝试以三种模式将海派蜡笺技艺推向社会。

▸▸ 全力打造锦龙堂海派蜡笺习研所

锦龙堂打造海派蜡笺习研所，尝试联合社区、学校共同设立社会实践基地、现场教学点，定期举办蜡笺制作体验活动。

锦龙堂非遗蜡笺技艺习研所

锦龙堂为市民、学生们量身定制了两大手工制作体验课程：

一是蜡笺的施胶、填粉、染色、封胶。二是蜡笺的洒金、描绘、托裱、包装。

现场教学实践课程

▶▶ 积极开设海派蜡笺主题沙龙

依托上海市非物质文化遗产保护协会的各类推广平台，以群众艺术馆为主要基地、锦龙堂海派蜡笺习研所以及部分战略合作单位为分课堂，与5A青年中心、白领驿站等合作推出体验课程，不定期开设海派蜡笺主题沙龙，积极推广海派蜡笺技艺。

沙龙以六大专题为主体：1.中国书画蜡笺工艺历史综述；2.蜡笺工艺传承与发展；3.蜡笺底胚：宣纸、皮纸与绢丝；4.蜡笺的染色工艺；5.蜡笺的打磨工艺；6.洒金与描金。锦龙堂还邀请书画界名家为顾问，定期请他们现场试笔并讲解使用感受。

海派蜡笺主题沙龙

▶▶ 加强与高校及专业机构的战略合作

锦龙堂尝试与专业院校进行产学研战略合作，将海派蜡笺技艺融入高校课程，体系化地培养专业人才，并通过上海市书法家协会、非物质文化遗产保护协会、收藏家协会、工艺美术协会等民间机构平台向社会推广传统文化。

此外，锦龙堂还作为现场教学基地，与上海市学生艺术团书画社建立合作；每年积极参加中国国际进口博览会主会场的各类笔会及非遗展示艺术周等活动，吸引居民参观学习。锦龙堂亦积极走入街道社区、中小学，已在多所中小学开展美育讲座，多次走进街道社区开展非遗宣讲活动。

上海市学生艺术团书画社学生体验课

海派蜡笺技艺的校园推广

四 | 海派蜡笺技艺的未来发展

习近平总书记在党的二十大报告中指出，中华优秀传统文化得到创造性转化、创新性发展。中华优秀传统文化具有悠久的历史、丰富的内涵和多样的形式，历经上下五千年的传承和演变，是中华文明发展史上浓墨重彩的篇章，是中华文化的发展根基，同时也是中华文明的精神标识。

上海文化在外来文明和中国传统文明之间、在精英文化和通俗文化之间呈现出开放的姿态，随着城市的发展不断演进、升华，与红色文化、江南文化融合共进。新时代海派文化的内涵与特征是国际都市的开放性格、敢为人先的创新意识、经世致用的家国情怀、自律守信的契约精神、包容务实的处世之道。

非遗技艺是中华优秀传统文化的重要组成部分，也是文化自信的基石之一。海派非遗传承秉持着“见人见物见生活”的理念，积极创新放大“非遗+”效益，在非遗技艺跨界发展、激发非遗传承的内生动力方面创造了极大的自由空间。海派非遗涵盖十大门类，蜡笺技艺作为传统技艺之一，继承和发扬了“海纳百川，兼容并蓄”的海派文化之精髓，敢于打破成规，锐意革新，广采博纳。

▸▸ 海派蜡笺的跨界融合

锦龙堂在上海市非物质文化遗产保护协会的指导下，尝试做大做强“蜡笺IP”。一是积极参加全国非物质文化遗产相关的各类线上线下活动。如“非遗宝藏”项目、非遗客厅展示活动、“海派生活”非遗衍生品征集评选活动等。二是加强平台合作，与国家会展中心、中国国际进口博览局、崇明区文化旅游局等单位建立战略合作，做强双“IP”概念，打造非遗联名款。如与崇明仿宋代建筑群“东平草堂”合作，将蜡笺元素融入古代建筑文化；与传统手工糕点糖果子跨界融合，在传统色系融于作品的研发上互相借鉴，并在糖果子高定包装工艺与蜡笺技艺的结合上作跨界尝试，展现华贵精致的典雅气质。

中国国际进口博览会笔会

中国国际进口博览会笔会

崇明“东平草堂”

非遗蜡笺与糖果子

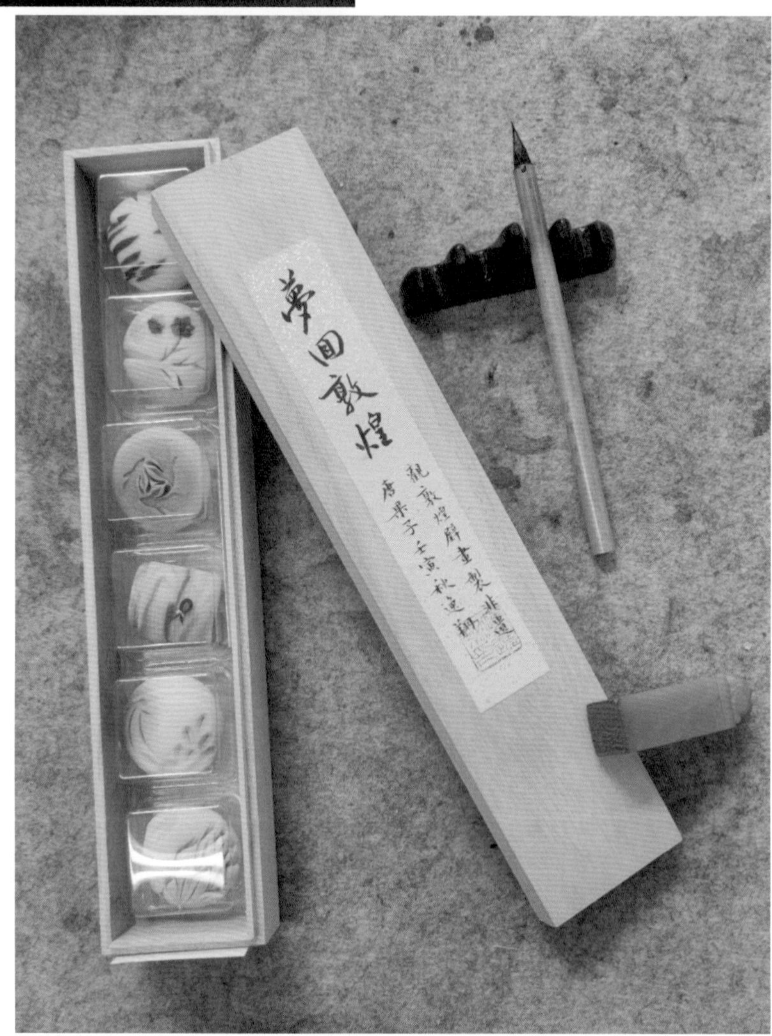

▶▶ 海派蜡笺的数字化尝试

随着时代的进步，互联网技术不断更新迭代，极大地改变了人们的生活方式，新媒体与传统媒体齐头并进已成为大势所趋。新媒体以数字技术、计算机网络技术和移动通信技术等新兴技术为依托，以网络媒体、手机媒体、互动性电视媒体、移动电视、楼宇电视等为主要载体，是现代文化创意产业的重要组成部分。随着5G时代到来，青年群体对新媒体的依赖甚至远超传统媒体。新媒体的快速发展，不仅可以推动非遗展示、展演创新，还会在更深层次上进一步推动非遗内容生产与传播、经营组织方式的全方位变革。借力新媒体推动海派非遗的创造性转化、创新性发展是一个值得研究的课题。

非遗与传统手工业、传统文化密切相关，与现代生产、生活脱节等问题较为突出。海派蜡笺技艺也存在同样的问题，在创意设计、市场化运作和科技提升等方面与当下的市场需求略有脱节。自2020年新冠疫情爆发以来，线下展会、教学培训等活动相继转为线上，这一困境反而成为了推动变革的契机。

“内容+电商”已成为互联网平台主流的商业模式。近年来，“直播+非遗+电商”“直播+非遗+综艺”等新媒体运营模式具有吸引年轻人的天然优势，迎合了年轻人的文化消费习惯和媒介使用方式，搭建了非遗与年轻人联系的桥梁，大大提升了各类非遗的知名度。锦龙堂在新媒体推广海派蜡笺技艺方面做了不少尝试：如与澎湃新闻、新民晚报、东方网等新媒体平台合作，以专题的形式宣传蜡笺技艺；运用微信公众号、淘宝自营网点、B站UP主引流等方式，推广蜡笺技艺微课堂、微实践和蜡笺衍生品，吸引青年群体关注传统技艺。

此外，锦龙堂还与阿里拍卖数字藏品栏目、太一元宇宙等平台合

RMB
起拍价 1

【数字非遗】 独家限量500份 非遗蜡笺金扇四君子《《幽兰》

数字品牌

长按识别二维码，或用淘宝扫描，查看更多信息

藏品名称 描金梅花蜡笺

链上标识 81164017

上链时间 2022-03-20 22:46:30

编号 #6/17

发行方 锦龙堂

售价 ¥0

非遗蜡笺技艺数字藏品首发

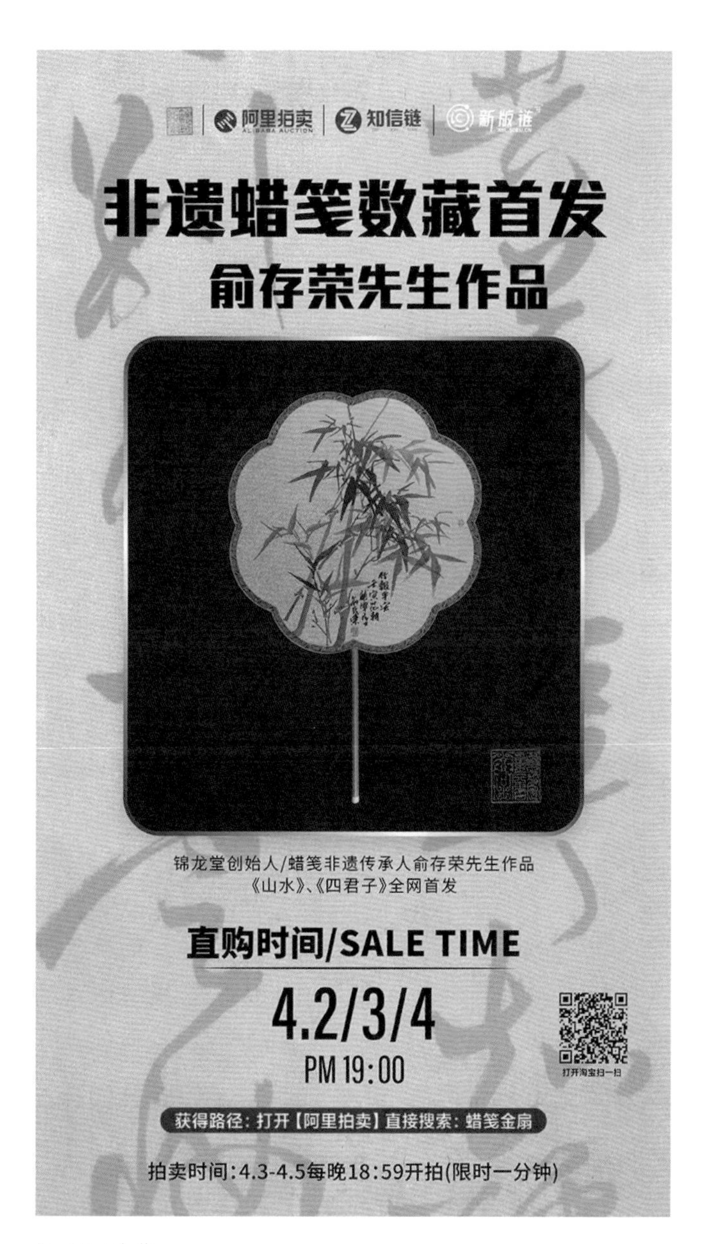

阿里NFT合作

作，运用建模技术，立体呈现蜡笺技艺数字藏品（NFT），在虚拟场景、虚拟情境中获取个性化内容转变，实现人际、群体、组织和大众传播的共振效果。

中华优秀传统文化要实现创造性转化和创新性发展就必须主动求“变”，只有主动变化起来，中华优秀传统文化才能在发展变化中丰富自我、更新自我、提升自我，才能在发展变化中找到新时代的新定位，才能成为源头的泉水，涓涓长流，充满生机、活力与朝气。

海派蜡笺技艺展现了中国古代造纸术登峰造极时期的风采，是中国传统手工业、传统文化留给后人的珍贵的历史遗产。海派蜡笺技艺浓缩了中国人民勤劳、专注、坚毅、精益求精的匠人精神，为现代中国人追求美好生活品质留存了宝贵的艺术价值。

非遗技艺与文化的发展，不仅要求其传承人具备潜心钻研、锤炼极致的心力和推陈出新的能力，也需要社会形成珍视文化遗产的使命感，培养薪火相传的氛围。新时代的传承被赋予新的定义和诠释方式，要做好非遗传承，只有让非遗融入现代百姓生活，用文化赋能高质量发展，才会促使更多的中华儿女加入到传承队伍中。新时代更需要新手段的新传承。

附录

多年来，传统媒体和新媒体的许多朋友关于海派蜡笺技艺的报道，是宣传和推广这份非物质文化遗产的重要助力，借此书出版的契机，在此转载各路友人以海派蜡笺为主题的文章。由于文友众多，不能涵盖所有，如有疏漏，谨表歉意。感谢至交，感谢亲朋，亦感谢诸位因热爱传统文化而相逢的朋友们对海派蜡笺技艺的关注和提携。

纸痴

| 王树良

我们这些具有无限精神的有限的人，就是为了痛苦和欢乐而生的，几乎可以这样说：最优秀的人物通过痛苦才得欢乐。

——贝多芬《致爱尔杜第伯爵夫人书》

一

1987年，上海“巴拉巴拉”东渡正热火朝天。

刚刚在天鹅信谊宾馆立足却又跳槽的俞存荣，义无反顾地登上了东去日本的轮船。

5月的浦江两岸，莺飞草长，春光正浓。轮船在汽笛声中从外虹桥码头起航了。俞存荣站在船首，依着船栏，凝望着身后徐徐远去的可爱的故土，心潮像一江春水一样奔流起伏。此去东邻，为淘金？为创业？也许是，也许都不是，他有些迷惘，更有些惆怅。

是啊，人生已近不惑，重又离开家园，到异国他乡去闯荡，怎不别有一番滋味在心头！

男儿有泪不轻弹。俞存荣想，自己是去农村插过队、吃过苦的人，又何惧洋插队？俞存荣是有备而去的。他是带了许多自己创作的画和带着靠绘画挣钱的美好愿望而去的。可是，他天真了。举目无亲，人地两疏，言语不通，在一个高度发达和现代化的日本社会，靠卖画为生，谈何容易。

付掉学费、住房租金等，身边已所剩无几，即使省吃俭用也只够撑一个月。不行，还得打工去。最初是洗碗，过了半个月又去一家西服店帮工，再就是去一家工厂扛包子。人在旅途，为求生存，他不得不干，什么都干。三个月的包子扛下来，累得他的手指甲都往上

俞存荣书法《龙腾虎跃》

翻，腰也直不起来，再扛下去不是要送命吗。这苦这累，这洋插队所受的罪，土插队哪能相比。俞存荣决心豁出去闯。整整三个月，为推销画，为找工作，跑穿了3双鞋底。

一次，生活再次把他逼入绝境。把衣袋翻个底朝天，身边只剩200日元。也就是说，从他大阪的住处出门，再无钱乘车回家了。今天如果再不能推销出一幅画，明天就得饿着肚子。俞存荣带着他的全部裱好的10幅画及8包中成药，在人海茫茫的大阪市里到处跑。不知走了多少路，也不知扣开多少人家的店门，有志者事竟成，终于有一家韩籍华人开的饭店接纳了他。老板姓陆，带着浓重的山东口音问风尘仆仆的俞存荣：

“你是想在这里吃饭，还是想在这里干活？”

“不，我是想推销一点我的画和一点中药。”

“这些东西值多少钱？”

“画是我自己画的，给多少都行；中药5000日币一包，共4万元”。

陆老板略略看过之后爽快地说：“药钱的4万元我给你。画嘛，暂时放在我这里，卖掉后你再来取钱，怎么样？”

当然行。俞存荣真是喜出望外。到

手的钱，对此时的他来说，真如久旱逢甘霖啊。一周后，他带着上海临行前准备的双面绣猫等礼品来谢陆老板。想不到他的画已全部卖掉，陆老板又给了他6万日元。一回生，两回熟，此后他和陆老板成了朋友，俞存荣通过陆老板前后销掉了30多万日元的画。

幸运之神再次向俞存荣招手。在推销画的过程中，他又认识了一家公司，男的是北京人，女的是日本人。那北京人很赏识俞存荣的才能，说你马上回上海，再创作和组织一批字画等艺术品回日本，在这里搞中国艺术品的巡回展销，一定有销路。果然不出所料，通过和这家公司合作，俞存荣手头丰裕了起来。他有出头之日了。

1991年4月3日至8日，俞存荣个人画展在神户举行。当地的报纸作了报道，日本一些著名的古董商、艺术品商到会捧场。所有的画被一位日本老板全部买走。此时，适逢大名鼎鼎的旅美华人画家丁绍光到大阪著名的松坂屋艺术馆开画展，俞存荣慕名前去面晤了丁绍光。丁绍光鼓励他说："要相信自己，中国画是日本人的祖师爷，一定能在日本打开局面。"丁绍光把一本签了名的画册送给了俞存荣，并和他合影留念。

二

然而，俞存荣并没有朝着画画、卖画、做艺术品生意这条路走下去。沿着这条路，凭借他的聪明才智，他或许会发大财，成为一个富翁。他不，这不符合他向来敢于挑战生活、超越自我的性格。后来发生的事，使他生活和创业的路，发生了一百八十度的大转弯。

宇野雪村先生是日本文博收藏界的大人物。他研究、收藏中国的文房四宝已达五十年，著作等身，是日本这方面的权威。俞存荣很想认识他，可就是没有机会。大阪距东京560公里，但俞存荣决心单枪匹马闯东京，造访宇野雪村。

"你是谁？"宇野雪村对上门的年轻的不速之客既感到惊讶，又带些怀疑。

"我是从上海来日本求学的。久仰先生大名，很想借此机会向先生讨

俞存荣与宇野雪村合影

教中国文房四宝方面的学问，请多多关照。”俞存荣友善而不卑不亢的谈吐，使宇野先生相信，面前的年轻人确是来长见识、求真知的。

“好吧，年轻人，我就把收藏的一部分精品拿给你见识见识。”

哇，展现在俞存荣面前的藏品哪只是见识，简直让他大吃一惊！宇野先生的藏品中，不仅有乾隆年代的著名笔、墨，更有唐、宋时期的名砚、名纸，而且数量之巨，都是成箱成堆的。

宇野先生对着似乎有些发愣的俞存荣说：“遗憾呀，这些宝贝都是你们中国的。但现在你们中国有几人在好好研究文房四宝呢？”“现在，日本人造的许多东西，如笔、墨都已超过你们中国。而有些东西我们造不出来，连你们中国也失传了，可惜呀！”

说着，宇野先生又小心翼翼地取出了收藏多年的乾隆仿澄心堂纸。该纸大小31cm×67cm，分深红、杏红、明黄、浅青、浅绿等5色，每张纸都有以纯金绘成的花卉，富丽华贵，精妙绝伦。他说：“这种纸中国已经不可能再有了。如果你搞得到，你有多少我买多少。”

回大阪的路上，俞存荣的心头感到难以言表的沉重，甚至沉得有些隐隐作痛。“……有些东西我们造不出来，连你们中国也失传了，可惜呀！”宇野雪村的这句话，像锤子一样敲击他的大脑。不，我不信，我偏要试试做那个澄心堂纸，俞存荣对自己这样说。跟着师傅学了这么多年的书画纸装裱，这个纸他以前跟着修复过，一定能做出来。随即，他花4万日元买了一本日本出版的中国清朝研究文房四宝的书，啃了起来。

日本著名的佛教方丈有马赖底也是中国文房四宝的爱好者。他和俞存荣认识的许多日本朋友一样，对描金蜡笺情有独钟。他们在和俞存荣碰面时都鼓励他研究和开发中国的古纸。这进一步激发和坚定了他自己的信心。

三

纸，是中国贡献于人类的伟大的四大发明之一。

俞存荣想研究、试制的究竟是怎样的一种纸？这需要对中国古代造纸的历史作一个简约的回顾。

蔡伦造纸，妇孺皆知。然而从目前已经考古出土的古纸看，我国在西汉已出现了纸，如西汉早期的放马滩纸，西汉中期的灞桥纸、悬泉纸、马圈湾纸、居延纸，西汉晚期的旱滩坡纸。而蔡伦则总结了前人经验，发明了用树皮、麻头、破布、鱼网造纸，制造出了真正意义上的植物纤维纸，逐步取代了简帛的地位，成为人们重要的书写材料。可以这么说，中国纸的历史自蔡伦之后，才出现了一个群星灿烂、争奇斗艳的时代。

东汉末年的造纸名家左伯，首创研光技术，所造的左伯纸妍妙辉光，与当时的张芝笔、韦诞墨齐名。南朝高手张永督造的御用纸紧洁光艳，传颂

放马滩纸

一时。唐宋时期中国的造纸业进入空前繁荣时期，名纸佳品，各领风骚。盛唐因女诗人薛涛在成都浣花溪造纸而得名的薛涛纸，光鲜可爱，人所不及。宋代的谢公十色笺，首创十色，史所罕见。中国书画的传统用纸宣纸，具有纸中之王、纸寿千年之美誉，产生于唐宋而迄今盛而不衰。

据记载，所谓澄心堂纸，是五代时期出现的一种宫廷用纸。南唐烈祖李昪在金陵（今南京）时，曾以澄心堂为读书、阅览奏章、宴居之所。后主李煜擅长诗词书画，在位时曾令剡道监制宫中用纸，取名“澄心堂纸”。澄心堂纸系用桑、楮皮原料进行制造，纸质坚韧洁净，色泽玉白光润，帘纹极细，并隐约有龙凤或银锭之状，表里俱佳，十分精妙。由于是宫中专用，故不为外界

明 王宠 草书李白古风诗卷（金粟山藏经纸）

所知，直至南唐亡国后，宋代一些文人始从宫中得到此纸，流传民间。欧阳修曾赋诗道：“君家虽有澄心纸，有敢下笔知谁哉……君从何处得此纸，纯坚莹腻卷百枚。”梅尧臣则诗云：“昨朝人自东郡来，古纸两轴缄滕开。滑如春冰密如茧，把玩惊喜心徘徊。”当时的名家写字作画均喜用澄心堂纸。如五代御前画家董源的《庐山图》《夏山林木图》，宋代李公麟的《山庄图》《郭子仪单骑降虏图》，马和之的《魏风葛屦图》，米友仁的《云山墨戏图》等。由于澄心堂纸的精绝名贵，故后世常有仿制。清代乾隆仿品多为彩色粉笺，上绘泥金山水、花鸟等图案，署“乾隆年仿澄心堂纸”隶书款。

宋代另有一种有名的藏经纸，因贮存于浙江海宁县金粟山下的金粟寺而得

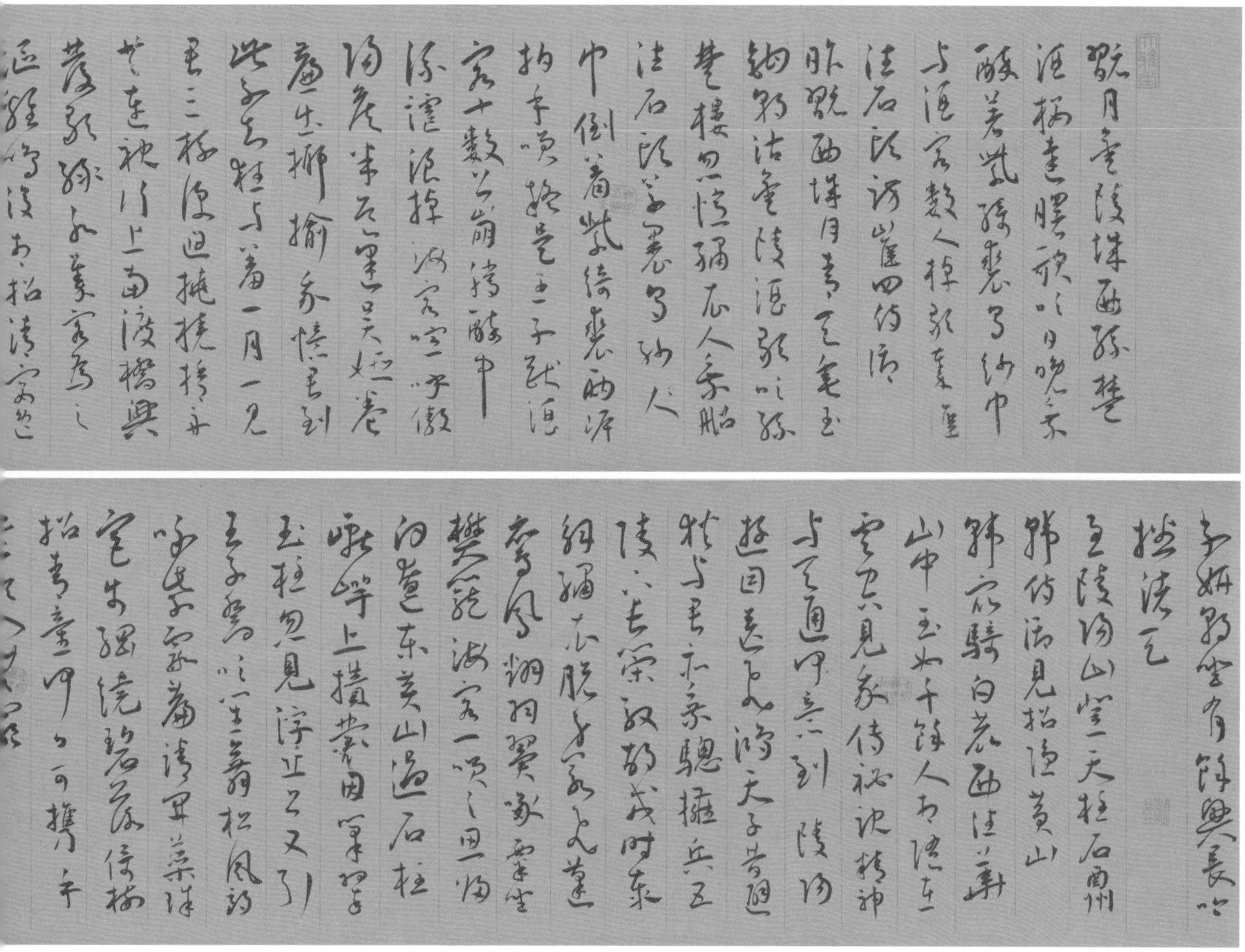

名“金粟山藏经纸”。这种纸千百年来本已默默无闻，后于明朝被发现而名震天下。其纸质较厚，常有双层或多层，内外涂蜡，能防蛀、防水，美观、寿长，除了写经文和官文、文书外，民间无缘使用。它实为“澄心堂纸”的延续。

到了元代、明代，出现了“明仁殿纸”“磁青纸”“宣德宫笺”等，也是写经文、官文的皇宫用纸。有的以金粉勾划出精妙的佛像、殿宇等，纸质品位不亚于前述的几种。

清乾隆时期，天下太平，无论文化、经济等领域都有登峰造极之处。宫廷用的“仿澄心堂纸”“仿金粟山藏经纸”“云龙纹纸”等都相继诞生，至此以上各种名纸统称为“蜡笺”。

四

1993年2月，又是莺飞草长时。负笈东瀛6年的俞存荣终于回到上海。用他的话说，既是为了家庭，更是为了试制蜡笺——这一在日本萌发、希望在祖国开花结果的事业。

搞蜡笺需要懂得工艺的人。俞存荣从过去的两位师兄处得知，上海滩上唯一能做此纸的只有一位姓魏的老先生。魏老年事已高，早年长期从事制作仿古纸，后又去过书画社、朵云轩帮忙。俞存荣在别人陪同下去魏老家拜访，请他“出山”，但没有成功。再去，又被婉拒。他前后登门31次，精诚所至，金石为开，魏老总算同意请出。之后的详聊中得知，原来魏老跟着俞存荣的师傅钱少卿前辈还一起修复过古画，缘分非浅。为表诚意，俞存荣给了他每月几千元的报酬，每周带教一天半，每天做4小时。为照顾他出行方便，俞存荣还特意把工场间借租在离他家最近的北京路大田路一所中学里。魏老脚肿，俞存荣又派一个人服侍他，派出租车送来送去。但是快3个月过去了，魏老教的还只是洒金纸，而这种工艺俞存荣已很快掌握了。那么蜡笺纸在哪里呢？魏老说，材料不够，要继续找。

这一年，6月流火，连续20天左右高温，大地也快要烤焦了。高温天，魏

俞存荣随魏克锦学艺

老已请他回家了，于是俞存荣一个人闷头干。常常一干就到晚上10点，妻子、女儿一再催促，他才回家，睡上一、二个小时又赶回工场间干。到7月3日，工场间快搬场的前一天，他觉得心脏出了问题。先是胸闷，然后是呼气有困难，回到家时粒米未进，浑身虚汗。他对妻子说："我有些不舒服，要去看病。"一到普陀中心医院，医生马上让他做心电图。等心电图拿到医生手上时，他已经支撑不住，砰然倒地，失去了知觉。

当他从昏迷中醒来时，已躺在观察室的床上，手上吊着盐水，旁边守着妻子。她无言地看看他，那眼神似乎在说："跟你说多少遍了，注意休息，可是你……"半夜时分，盐水刚滴完，俞存荣吵着要回家。有什么办法，妻子只好扶着他回家。第二天醒来，俞存荣仍觉得心脏怦怦乱跳，一把脉每分钟高达200次，不好！俞存荣此时才觉得事态严重。由于妻子已经上班，他只得马上打电话给弟弟，有气无力地告诉他，"我不行了，快过来，叫辆救护车。"救护车呼啸而来，他被送进华东医院急救。

"再晚来，就没命了。他是急性病毒性心肌炎发作。"医生说，"应马上住院治疗。"这一住，竟住了两个多月，共花去 25000 多元。医院心脏病科专家王教授根据他病情多次反复的情况，又郑重关照他，一定要太太平平地休息一年。

一年，怎么得了！两个月已经够长的了。俞存荣心急火燎，日夜想着蜡笺纸，硬是休息半年不到，就又挺直身子没日没夜地干了起来。

五

纸张是人类文明的载体，也是人类文明的结晶。对它的任何探求和创新，不仅需要勇气，更需要科学的头脑。

俞存荣分析，要试制出合格的仿古蜡笺，至少在主要的三个方面要有所突破：染色的颜料，宣纸的配方及手绘用的金粉。

古代造纸没有化学颜料，只有天然

矿物颜料

制作工艺过程

植物颜料，其中许多品种今天已经非常难以寻觅，即使有，也相当昂贵。比如进口的天然滕黄，上海和外地某些地方已卖3000多元一公斤。价格之高，令俞存荣望而却步。但说来也巧，在四处打听颜料时，他认识了一位朱先生。他的父辈是开纸行，做纸业生意的。到他家一看，令他又是大大吃了一惊：他想寻觅的天然颜料竟然应有尽有。出于对俞存荣事业的理解和支持，朱先生慷慨地表示："你需要什么，就拿去吧，用了再说！"结果，用某些天然颜料配制的蜡笺纸颜色，和乾隆时代的古纸一模一样。他把样品拿给魏老看时，魏老还以为是当年的乾隆纸呢。

制作蜡笺纸，宣纸的配方也非常关键。为此，俞存荣专程多次赴安徽泾县考察，并寻求当地纸厂专家的支持。第一次，是和魏老一起去的。那次，他们在连绵的阴雨中坐了11个小时的长途车才到达目的地，一下子买进了5000张宣纸带回上海。但由于纸质的配方问题，不能用于蜡笺纸。做蜡笺的纸前后要经过18道工序，干了湿，湿了干，纸张没有足够的韧性和紧密性不行。于是，俞存荣又潜心钻研、参阅了古代宣纸的大量文献记载，对纸质的配方做了一次又一次的修改和完善。他的行动同时也深深感染了泾县厂方，取得了他们的大力支持。厂里的领导这样对他说："只要你拿出任何配方，我们都可以专门为你做纸，不需任何代价，直到

蜡笺制作的辅助材料：金箔、川蜡、明矾、胶等

你满意为止。”“你何时要纸，只要一个电话，我们一定给你送到。”

人间自有真情在。厂方的支持，和前面提到的朱先生等的支持一样，是多么的无私多么的珍贵！俞存荣手上的一张张惟妙惟肖的蜡笺不正是在他锲而不舍的钻研精神和人间无私真情的支持、叠加、升华中产生、铺展的吗？

蜡笺的描金，当然离不开金粉。为了购得价廉而实用的金粉，俞存荣跑遍了大江南北。苏州的一家百年老店，金粉要450元1克，里面还含胶。买回几包一试，仅描一幅梅花、一幅双龙戏珠，成本就高达1000元和460元。成本太高，无疑切断了蜡笺纸通向市场之路。

和店方商量，价格压不下来；想高薪请老师傅教加工技术，老师傅开口就要10万元，一个子不能少，先付后教。山穷水尽之际，俞存荣去了南京一家金箔厂。金箔价格低，如果把金箔研磨成金粉，就可以降低蜡笺的成本。但是大家都只听说用“磨子磨”，用什么磨子磨、用什么工艺磨无人知晓。

俞存荣决定自己动手。首次买了1000张金箔加工，没有成功。屡战屡败，屡败屡战，终获成功。这样，蜡笺纸成本就有了明显下降，这为它的批量制作铺平了道路。

六

1998年11月，日本方丈有马赖底莅临上海访问。在虹桥国际机场欢迎的行列里，除了上海佛教学会等有关方面的领导人士，还有有马赖底先生的忘年交俞存荣。

在机场驶往宾馆的轿车上，俞存荣一直陪着有马先生。

"你的蜡笺纸制作得怎么样了？"有马关切地问。

"成功了。"俞存荣不无兴奋地回答。

"不可能吧。"有马明显地表示吃惊和怀疑。

俞存荣又拿出彩色照片给他看，他说要见到实物后才能相信。

有马来沪访问日程很紧，行色匆匆。直到临别前的第二天，他才有半小时的时间和俞存荣会面。寒暄过后，俞存荣把业已准备的3卷描金蜡笺送到了有马手上。他打开仔细一看，嗬，那不就是多年来一直想得到的宫廷描金蜡笺吗？有马没想到他真的会研制成功，一下子惊呆了。

惊呆的不只是日本友人。上海的一些书画名家凡是见到或使用过俞存荣制作的蜡笺纸的，无不爱不释手，连声赞叹。在去年的一次由上海万叶艺术文化沙龙举办的蜡笺纸试笔、推介会上，著名书画家曹简楼、高式熊、顾

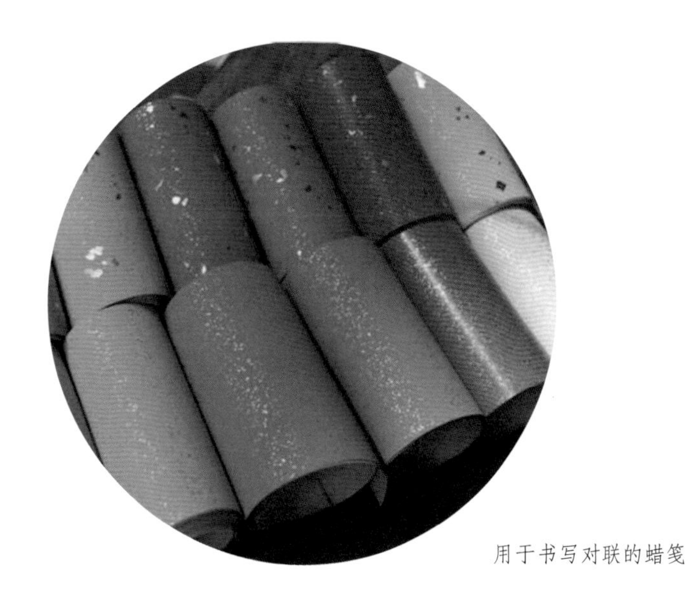

用于书写对联的蜡笺

振乐等纷纷表示，这种建国以来一度失传的宫廷蜡笺的恢复和重现，不啻对于中国书画艺术材料的一次有益贡献。中国上海画院院长程十发、副院长韩天衡先生等用该蜡笺题写了“飞黄腾达”“含菁咀华”等字句，以表示对蜡笺制作成功的祝福和肯定。书法家刘一闻先生精于写对联，讲究收藏和使用历代名纸也沪上闻名。他非常喜爱使用蜡笺纸，去年年底为庆祝澳门回归和2000年的到来，他用这种纸一口气书写了二十副楹联。

俞存荣的蜡笺纸还特别受到日本书画商、书道家的青睐。自去年下半年至本月，他已有20多箱共2300多张描金蜡笺纸通过有关部门销往日本。

七

真理是朴素的。不朽出于平凡，成功来自拼搏。由此，我们可以理解，一只金凤凰何以能从鸡窝里飞出来，直上蓝天。

俞存荣的过去同样是普通而平凡的。他下决心研制蜡笺纸时，甚至没有把握能否成功。他的学历只有初中，在动乱年代去了农村。病退回沪那年，他一无所有，有的是青春和热血，经人介绍进了美术工厂学裱画。“人家都在破四旧，你却要学裱画”，连带教他的裱画师也不理解。但所幸跟对了师父，钱少卿师傅一路带着入了行。不管怎样，他从裱、接清朝王石谷的一幅古画开始，在短短的两年内和师傅一起修复古旧书画达1200幅，自己也成了裱画高手。从此，他和裱画、绘画结下了不解之缘。八十年代中期，他从顶替父亲职位的工厂里跳出来，去了一家艺术服务公司工作，这又大大拓宽和提升了他的艺术视野和鉴赏能力。为考察名石田黄，他带着弟弟俞存党跑遍了福建全省。回沪后，田黄的来龙去脉、鉴赏要诀等他讲得头头是道。当时的韩天衡就说：“上海滩上看（鉴赏）田黄，非你们兄弟莫属。”

俞存荣是成功的，更确切地说，他已有了成功的开始。到目前为止，他赖

蜡笺制作流程之挂杆

以加工制作蜡笺纸的工场，还是一个完全手工制作的十分简陋的作坊。这是他搬迁、营建的第四个工场了。几根空荡荡的长竹竿高高地架在叫做“蔡家桥”的一处农舍中。那长长的、像瀑布一样的宣纸，就是从竹竿上由湿变干、由生变熟地泻下来，变为五光十色、动人瑰丽的宫廷蜡笺，人间彩虹。每一张宣纸经过18道工序，每一张纸又经过11次的挂上取下，这心血、这投入，他付出了多少？

四年艰辛，四年痴心，俞存荣投入了差不多30万元的全部积累，以及差一点一去不返的生命，值吗？他无怨无悔：一生能干成一件事，怎么不值？！

（2000年1月18日《上海侨报》）

“纸醉金迷”见古法，传承蜡笺“隐于市”

| 陆林汉

蜡笺纸采用金银粉或金银箔，做成的描金银图案，极尽富丽堂皇之感。因纸性兼具生熟宣效果，书写流畅且不洇墨，故蜡笺是书画家所喜爱的绝佳书写材料，常被用作引首、书籍封条等。

蜡笺纸始于唐代，鼎盛于清代，是宫廷中流行的书法用纸。可惜的是，这一古法技艺在清末民初时期渐渐衰弱，随后失传了近半个世纪。

上海市非遗传承人俞存荣年轻时

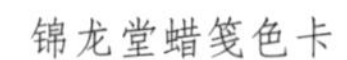
锦龙堂蜡笺色卡

与装裱大师钱少卿相识，拜师学艺，走上了与书画用纸结缘的道路。1990年代，俞存荣便开始潜心蜡笺制作工艺的研制和恢复，20余年光阴，俞存荣已双鬓花白，但纯手工蜡笺却在他手中熠熠生辉。在“‘天工开物’非物质文化遗产精品展——俞存荣蜡笺制作技艺成果精品展”于上海新藏宝楼展出前，澎湃新闻“非遗寻访”栏目专程赴隐于一家市场楼上的俞存荣工作室“锦龙堂”进行了走访。

造纸术是中国四大发明之一，中国人对纸的痴迷由来已久。自东汉蔡伦发明改良之后，纸张逐渐普遍使用；而“笺纸”之作，自唐朝开始，各朝都有各种名称及花样。其中，采用金银粉或金银箔做成的描金银蜡笺，极尽富丽堂皇之感，是我国著名的高档古笺纸之一，多为皇家宫廷所用。

上海市非遗传承人俞存荣是沪上书画加工纸及古字画修复装裱名家，也是制作此蜡笺纸的行家，从上世纪九十年代至今，已经做了20多年。在接受澎湃新闻记者探访时，双鬓花白的他做起事来依旧十分利索，从刷纸到均匀地在湿纸上撒金粉，再到用长竹竿挑起纸张，将其晾在架子上，这些工序都是一气呵成。蜡笺纸在他手中熠

描金姹紫九龙云纹蜡笺

熠生辉。

俞存荣生于1951年，1980年代末，趁着东渡热潮前往日本，后归国研究蜡笺的制造工艺。少年时，他与装裱大师钱少卿相识，开始了一段学艺之路。

钱少卿曾是沪上知名的装裱技师，1942年，他自办装池店，1958年应上海人民美术出版木版水印室聘请参加组建工作，任朵云轩装裱技师，培养了一批装裱人才。他曾负责过《曹娥碑》《唐怀素论书帖》《唐张旭草书古诗四帖》《宋徽宗赵佶草书千字文》等的装裱工艺。俞存荣回忆道："钱先生是1961年退休的，1979年，我跑到江苏，向他拜师学艺。"

在此过程中，俞存荣饱览名家手迹，从古画挖补、修复、接笔的学艺过程中，逐渐摸透历朝历代各类书画用纸的脾性，也逐渐开始与纸结缘。

如今，俞存荣工作室"锦龙堂"位于上海普陀区南石四路深处。与一楼菜场的喧闹形成对比的是，楼上是一处隐匿于都市喧嚣中的清静之地。在这里，俞存荣的工作室和蜡笺制作车间相邻，工作室布置得紧凑，车间则是宽广敞亮，用于晾纸的房间就有三四十平米，而外头制纸间则更宽阔。俞存荣与徒弟每天都会在这里埋头苦干，从上浆、拖纸、晾晒、刷纸、洒金等，日复一日，笃志不倦。这样的场景，用"大隐隐于市"来形容最是贴切。

古法蜡笺，价比绸缎

俞存荣介绍，蜡笺技艺创始于唐代，鼎盛于清代，迄今为止有一千多年的历史。可惜的是，这一古法技艺却在清末民初时期渐渐衰弱，在中国也几近失传有半个世纪之久。

蜡笺的制作工艺复杂，造价高昂，因为它巧妙地融合了吸水的"粉"和防水的"蜡"两种材料，既不失纸张易于书画的特点，又平滑细密，富于光泽，可历数百年而坚韧如新。金银粉绘成的各种秀丽图案，又为蜡笺增添了典雅的气质，使之完美地兼具了实用性和观赏性，并弥补了白底黑字的书法用纸的单调性。

描金如意云纹蜡笺

清康熙至乾隆年间大量制作蜡笺，以五色纸为原料，施以粉彩，再加蜡砑光，又称“五色粉蜡”，再加以泥金等绘制图案。乾隆时又大量绘制冰梅纹以为装饰，名“梅花玉版笺”，其他有“描金云龙五色蜡笺”“描金云龙彩蜡笺”，以及绘有花鸟、折枝花卉、吉祥图案等的五色粉蜡笺。

此外尚有洒金银五色蜡笺，在彩色粉蜡纸上现出金银箔的光彩，多为宫廷殿堂写宜春帖子诗词、供补壁用。这类彩色洒金或冷金蜡笺是造价很高的奢侈品，其价格在当时比绸缎还贵。

俞存荣告诉记者，这样一张薄薄的蜡笺纸的制作并不简单，需经过18道繁复的工序，平均耗时1个月方能制作完成。“先要采用最优质的宣纸为胚，经过天然植物、矿物染色，填粉，加蜡，再在纸上洒金或描金勾银形成各种吉祥图案，才算初步完成。”经他手的洒金蜡纸一般耗时在1个月左右，而其手工描绘的云龙纹笺需要很高的绘画技巧，耗时更久，需2个月才能完成一张。

悉心探索，恢复古老蜡笺制作技艺

俞存荣与古法蜡笺的结缘得回述到30多年前，1980年代后期，俞存荣东渡日本，并凭借习得的修补古书画技艺在日本立足。因醉心书画，俞存荣慕名拜访了日本收藏家宇野雪村，两人相谈甚欢，之后便成为了好友。此外，他还与中国文房四宝爱好者、日本金阁寺方丈有马赖底成为好友。

在宇野雪村的藏品中，俞存荣亲眼见到了大量的唐宋明清时期珍贵的笔墨纸砚，其中即有富丽华贵的乾隆仿澄心堂纸，该纸分深红、杏红、明黄、浅青、浅绿等5色，每张纸都有以纯金绘成的花卉。俞存荣回忆道，当时宇野先生坦言，这些珍贵的纸都是来自你们中国的，但这种纸在中国已不再有。

1990年代初，俞存荣回国与家人团聚，临行前受好友有马赖底的嘱托，让他寻找并购买历史记载中的宫廷蜡笺以作收藏。在国内四处寻访蜡笺的过程中，俞存荣发现，蜡笺制作技艺果然如同宇野雪村所说，早已失传，这也

植物颜料

让他感到十分惋惜。

俞存荣当即开始研究起了澄心堂纸，发现这种纸产于五代时期，纸质坚韧、帘纹细腻，并隐约有龙凤或是银锭状；宋朝时期又诞生了内外涂蜡，能防水防蛀的“金粟山藏经纸”；到清朝乾隆年间，才有了“仿澄心堂纸”“云龙纹笺”等，统称“蜡笺”。有了理论知识，俞存荣产生了恢复这一古老制作技艺的念头，开始从实践中摸索起来。

古人造纸，用的是纯天然矿植物颜料，其中许多品种已经非常稀有，价格昂贵。1994年，俞存荣拜访了造纸前辈魏克锦先生。俞存荣表示：“魏先生原来是在工艺美术厂工作的，也是厂里唯一会做纸的人，手艺上懂得很多。我经过多次的拜访，才说服魏先生出山，向他请教蜡笺的制作。可惜的是，魏先生在制作蜡笺时，材料找不齐全，与古法略有区别。”于是，俞存荣只能依靠着自己在修补古代字画时获得的蜡笺手感，开始了寻找材料的摸索之路。

俞存荣认为，要做出真正的宫廷蜡笺，必须在三个方面实现突破：染色的原料、宣纸的配方以及手绘的金粉。制作蜡笺的宣纸前后要经历十几道工序，干了又湿，湿了又干，纸张的紧密性和韧性不到位是绝对不行的。俞存荣多次前往安徽泾县，并寻求当地造纸专家的专业支援，可是，多番尝试后发现，这些现有宣纸并不适合做蜡笺。于是，他开始潜心研究古法造纸的文献，并对自己的配方进行一次又一次的完善，最终在宣纸二厂厂长周乃空和造纸师傅的配合之下，调整出最适合做蜡笺的宣纸配方。为了购得价廉而实用的金粉，俞存荣尝试以金箔研磨成金粉，经历多次尝试后终获成功。

1998年，日本方丈有马赖底莅临上海进行文化交流，俞存荣向他展示了自己研制出的三张描金蜡笺，让方丈有马赖底非常惊喜。

沪上“纸醉金迷第一人”

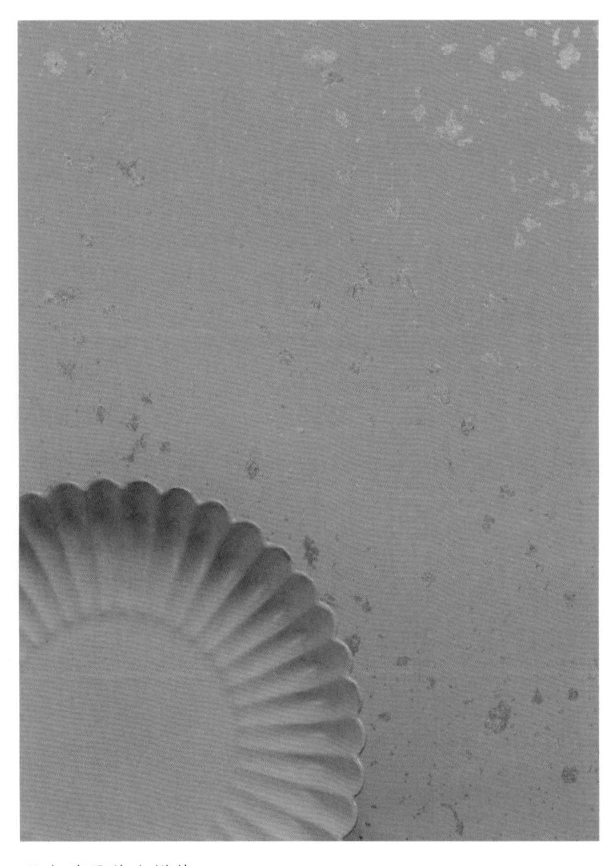

天水碧雪花金蜡笺

如今，俞存荣制作的古法蜡笺得到上海多位知名书画家的认可，包括陈佩秋、高式熊、顾振乐等。此外，他的蜡笺纸也远销海外，受到日本画商的喜爱。书法家周慧珺更是为俞存荣题写了对联：“锦上添花九龙笺，纸醉金迷第一人。”

二十余年间，俞存荣不仅恢复了蜡笺制作工艺，还相继摸透了多种传统纸笺的加工工艺。现在，他的工作室中能制作的有瓷青纸、皮纸泥金扇面、鹿胶笺、蝉衣笺、豆腐笺、煮锤笺等，也用这些工艺为好友修复字画。

谈及其独特的皮纸泥金扇面的工艺，俞存荣介绍道：“泥金需要6层皮

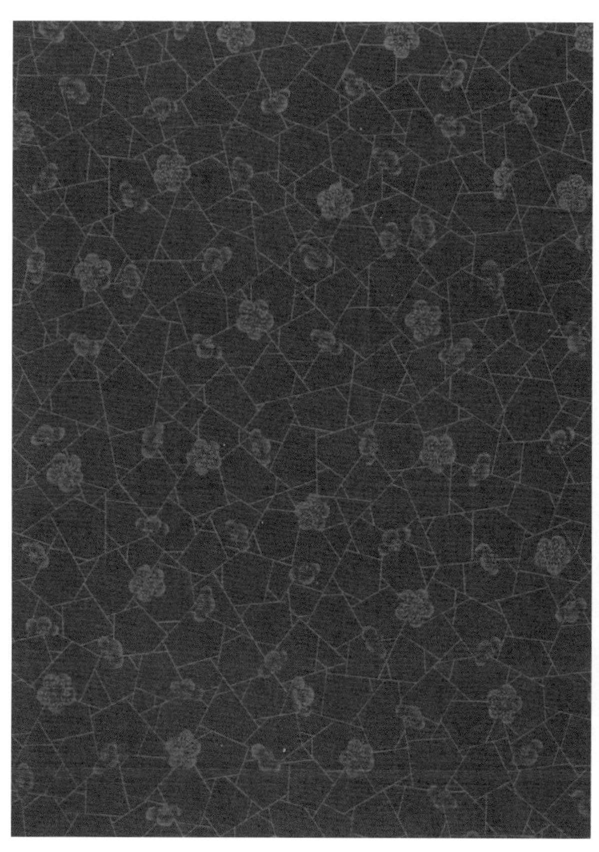
描金冰纹梅花蜡笺

洛神珠雪花金蜡笺

纸，最高可达8层，这样就很结实，像布一样，扯不坏。泥金不是贴金，贴金是把金箔贴上去，有痕迹的，而泥金是把金做成泥状后再染上去，用金量是贴金的13倍。”“另外，金冰纹梅花皮纸笺则是用手描的，也是很花功夫的。”俞存荣说道。

在谈及纸张的颜色时，俞存荣告诉记者，自己平时喜爱文物，如瓷器等，对于蜡笺颜色的选择正是取自于中国的瓷器，故颜色温和、不扎眼。而在洒金蜡笺的制作成本方面，他表示：“一克黄金可以制作成50张金箔，而每张蜡笺上洒金的用量可不少，鱼子洒金用量为15张金箔，雪花金蜡笺则要用到20多张金箔。”

俞存荣说，尽管纸卖得好，也要把控质量，不会省去一两道工序或是牺牲质量去搞批量生产。他此前曾对媒体表示：“古法蜡笺贵在全手工制作，体现的是中国古代工匠的高超技艺和非凡匠心。我奋斗二十年，就是为了传

蜡笺染色

承恢复我们祖先留下的宝贵技艺，为中国书画艺术用纸做一点贡献。”

俞存荣与徒弟每天都在这一方天地内做纸，从上浆、拖纸、晾晒，到刷纸、洒金等，日复一日，如同周慧珺所写的那样，过着“纸醉金迷”的生活。虽在销售纸张上似乎没什么压力，但俞存荣也存在另一层的担忧，那便是后继乏人的问题。

随着社会的变迁与经济发展，书画逐渐成为了人们关注的焦点，学习绘画、书法的人也逐渐变多，而与之相反的却是制作纸张的手艺人的减少。俞存荣说：“徒弟最多的时候12位，做这个纸很枯燥，有些徒弟不喜欢也就走了，留下来的很少，现在能驾驭全流程的仅有4位。”

非遗申请成功后，避不开的是开班开课。俞存荣说，经常去中小学、去高校授课，介绍与传授这项技艺，也希望更多人了解这一技艺。

（2021年3月28日《澎湃新闻》）

在非遗传承人俞存荣的作品里看“千金散尽还纸来”

| 徐翌晟

一张纸，可历数百年而坚韧如新，可用金银粉绘成各种秀丽图案，可在其上洒金描金……2021年3月28日，“天工开物”非物质文化遗产精品展之“存荣·求新——俞存荣蜡笺制作技艺成果暨艺术品收藏展”在新藏宝楼六楼展厅举行。这是俞存荣的蜡笺技艺被列入上海市非遗传承项目之后的首次集中亮相，据悉，蜡笺制作的国家级非遗项目也正在申请中。很难想象，如此“熠熠生辉”的手工艺品制作之所，竟深藏于普陀区一处人声鼎沸的农贸市场楼上。

少年学艺

事实上，蜡笺制作技艺已失传半个世纪之久，而俞存荣的蜡笺制作技艺，来自于多年的积淀、执著的寻找、不断的摸索。

古书记载，蜡笺源于唐代。这是一种曾被用于书写圣旨的手工纸笺。蜡笺的制作工艺复杂，造价高昂，因为它巧妙地融合了吸水的“粉”和防水的“蜡”两种材料，既不失纸张易于书画的特点，又使纸张防潮性加强，得以长期保存。至明清时期，蜡笺制作工艺趋于成熟，衍生出各式蜡笺产品。主要有采用金银粉或金银箔做成的描金银蜡笺、洒金银蜡笺或泥金蜡笺，常见的描金图案有花卉纹和云龙纹等。

人生苦短，情路尤长。俞存荣对纸的痴迷由来已久。他不会忘记少年时偶然的机会，与装裱大师钱少卿相识，并拜师学艺。在钱师傅开办的翰香阁做学徒那些年，他饱览名家手迹，从古画挖补、修复、接笔的学艺过程中，摸透了历朝历代各类书画用纸的脾性，

锦龙堂蜡笺

锦龙堂商标印

自此与纸、书画结缘。如今，俞存荣两鬓早已染霜，他把工作室取名为“锦龙堂”，来源于传授书画加工纸技艺给他的魏克锦师傅，取其名字中“锦”字，以此作为纪念。

中年探索

上世纪八十年代，俞存荣东渡日本，凭借修补古书画而获得的传统山水花鸟绘画技巧，以职业书画家的身份在日本立足。九十年代初，金融危机席卷日本，他决定回国与家人团聚，一同带回国的，还有日本友人的嘱托：寻找并购买记载中的宫廷蜡笺，以作收藏。

在国内四处探寻宫廷蜡笺的过程中，俞存荣渐渐产生了恢复这一制作技艺的念头。日本著名的金阁寺方丈有马赖底也是中国文房四宝的爱好者，他对描金蜡笺情有独钟，每次与俞存荣见面，都鼓励他研究和开发中国的古法造纸，这进一步地坚定了俞存荣恢复蜡笺制作的想法。依托自己修补字画时候获得的蜡笺的下笔手感，俞存荣在那时就开始独立研究恢复古法的步骤。信息封闭的年代里，他遍访造纸

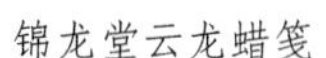

锦龙堂云龙蜡笺

锦龙堂各色九龙云纹蜡笺

老师傅求经验，寻找可能要用到的原材料，不厌其烦地一次一次试验配方、摸索工艺。

俞存荣认为，要做出真正的宫廷蜡笺，必须在三个方面进行突破：染色的原料、宣纸的配方以及手绘的金粉。制作蜡笺的宣纸前后要经历十几道工序，干了又湿，湿了又干，需耗时一个多月，纸上所有的描金图案，都是手工描绘，工艺最为复杂的九龙云纹笺至少需要2个月的时间才能够完成一张。

工作室里，有年轻人跟随俞存荣学了十年，却无法忍受这里的寂寞与枯燥而离开，俞存荣颇感惋惜。“传承一项专门技艺，非要静得下心、耐得住性子不可。”俞存荣叹道。

晚年洒金

往纸上洒金、泥金的工序也是讲究，非经过多年训练不得其中要领。随俞存荣步入锦龙堂，最为醒目的便是居中两张刷成鲜红色的巨大木桌，俞存荣在其中一张上铺了四尺见方的朱红色纸，躬身刮平整后，轻轻刷上一层薄胶，又在特制的三角形容器中依照纸张样式装入几片极其轻薄的24K金箔。容器底部孔洞的大小，决定了洒金纸最后的结果是"鱼籽金"还是"雪花金"。

俞存荣举起了木棒和洒金容器，在阵阵如鼓的敲击声中，千金洒尽，落于纸上金光点点，顿时，暮色里沉甸甸的空气都被点染出了光芒。金粉飞舞中，俞存荣周身却无一处沾染，他的动

蜡笺制作工具

洒金蜡笺

作一招一式，简洁有效，颇有些优雅。旁观者都觉得目睹如此的劳作，也是一种视觉享受。

金，洒在天青、杏红、明黄等颜色不同的纸上，给人的感受亦不尽相同。纸张本身成为了一件赏心悦目的艺术品，令人不忍落笔。

洒尽千金，俞存荣在书画圈中名声渐起，著名书画家曹简楼、高式熊、顾振乐都曾欣然在蜡笺上落笔认可。俞存荣却宠辱不惊："我用二十年恢复流传千年的传统技艺，希望如此宝贵的经验能够代代相传，后人不用再重蹈我的覆辙。"

（2021年3月28日《新民晚报》）

揭开古法蜡笺制作的奥秘，访“纸醉金迷第一人”俞存荣

| 朱渊

造纸术是中国四大发明之一，中国人对纸的痴迷由来已久，被书法家周慧珺称为“锦上添花九龙笺，纸醉金迷第一人”的俞存荣，就为传承和恢复“中国书画古法蜡笺技艺”奋斗了整整20个春秋。近日，这项技艺被列入“上海市非物质文化遗产代表性项目”，记者特意探访了俞存荣的“锦龙堂”，揭开古法蜡笺制作的奥秘。

正所谓大隐隐于市，锦龙堂位于普陀区南石四路普通居民楼，正是隐匿于都市喧嚣中的难得的清净所在。俞存荣的工作室和蜡笺制作车间相邻，工作室布置得紧凑，车间倒是空

俞存荣与周慧珺合影

描金

间宽广又敞亮，仅用于晾纸的房间就有三四十平米。而外头制纸车间则更宽阔，俞存荣的小徒弟正埋头苦干，上浆、拖纸、晾晒一气呵成，刷纸、洒金也是手法娴熟。

古法蜡笺以手工描金银图案，色彩丰富，弥补了白底黑字的书法用纸的单调。蜡笺纸不但色彩绚烂，且会用24K真金制作洒金纸或是描金纸。据悉，蜡笺具有生熟两种宣纸的特性，纸质平滑、宜书宜画、润墨坚韧、色泽艳丽。

别看仅是薄薄一张纸，古法蜡笺却需要经过18道繁复的工序，平均耗时1个月方能制作完成。全手工描绘，工艺最复杂的九龙云纹笺至少需要2个月才能完成一张。俞存荣边指导徒弟“拖纸”边介绍道：“先要采用最优质的宣纸为胚，经过天然植物、矿物染色，填粉，加蜡，再在纸上洒金和描金勾银形成各种吉祥图案，才算初步完成。”

据俞存荣介绍，蜡笺技艺创始于唐代，鼎盛于清代，迄今为止有一千多年的历史。可惜的是，这一古法技艺却在清末民初时期渐渐衰弱，在中国也几近失传有半个世纪之久。俞存荣和古法蜡笺的结缘得从近30年前说起，上世纪80年代后期他正在日本求学，因醉心书画，慕名拜访了日本收藏家宇野雪村，两人相谈甚欢，进而成为好友。

一日，宇野拿出其收藏多年的乾隆仿澄心堂纸。纸有深红、明黄等五色，纸上有纯金绘成的花卉，绚烂夺目。宇野坦言这纸源自中国，日本没有这门造纸技艺，想托俞存荣帮他在中国采买。记着好友的嘱托，俞存荣托中国亲友多方打听，却根本找不到这种纸，原来在中国这一技艺也已失传，这才萌发了要当个“纸匠”的念头。

说干就干，俞存荣当即开始研究起了澄心堂纸。发现这纸产于五代时期，纸质坚韧、帘纹细腻，并隐约有龙凤或是银锭状；宋朝又诞生了内外涂蜡、能防水防蛀的“金粟山藏经纸”，到清朝乾隆年间，才有了“仿澄心堂纸”“云龙纹笺”等，统称“蜡笺”。有了理论知识，当然还需实践探索。1993年回国后，俞存荣特地拜访了造纸前辈魏克锦，可惜魏老师只懂洒金纸工艺，对仿古蜡笺略懂一二，核心技术的研发只得俞存荣自己摸索。

俞存荣《纸醉金迷》

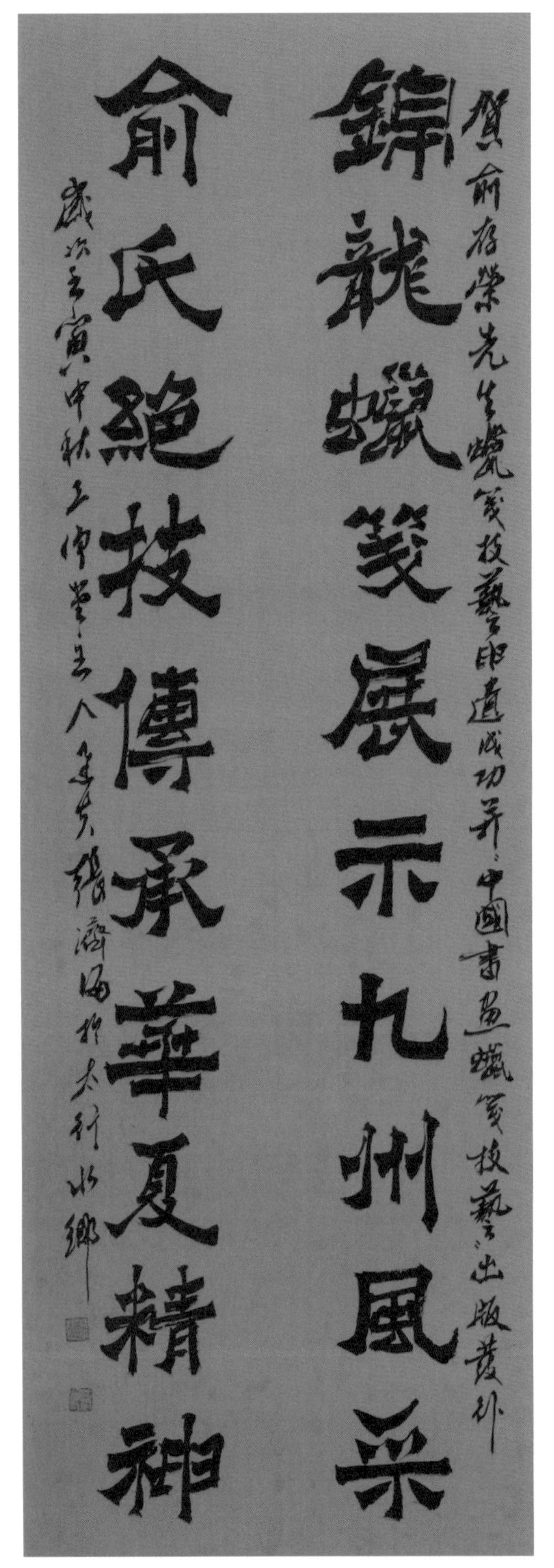

张济海先生贺蜡笺技艺申遗成功及本书出版

整整二十五年时间，从找纯天然植物染料，到调制宣纸的配方、制作蜡笺纸坯，再到制作手绘所用的金粉、探索金箔研磨的方法，俞存荣走遍了大江南北，拜访了无数前辈匠人，这才终于传承恢复了这门古法蜡笺技艺。

如今，古法蜡笺不但得到了陈佩秋、周慧珺等书画名家们的认可和喜爱，在国内销售市场广受欢迎，更远销海外，成为日本、新加坡等地书画家、书画商们青睐的纸质产品。然而，哪怕卖得再好，俞存荣也坚持不会省去一两道工序或是牺牲哪怕一丝一毫的质量去搞批量生产。他说：“古法蜡笺贵在全手工制作，体现的是中国古代工匠的高超技艺和非凡匠心。我奋斗二十年，就是为了传承恢复我们祖先留下的宝贵技艺，为中国书画艺术用纸做一点贡献。”

（2019年1月7日《新民晚报》）

海派蜡笺技艺的跨界和运用

| 应逸翔

偶然的一次机会，我与俞存荣大师结缘，潜心学习非遗蜡笺技艺。师父乐于分享，谆谆教导，收藏丰富。锦龙堂的九龙云纹宣、鱼籽金洒金蜡笺、雪花金洒金蜡笺等制作工艺精湛。每次师父教我洒金，从熬胶、敲击手势，到整体的疏密节奏、布局，事无巨细，倾囊相授。看着纷纷金花飘落，往事俨然如梦，纸醉金迷中我一次次被“圈粉”。

清雍正十二色珐琅釉菊瓣盘

蜡笺要做出宫廷气质，颜色的选择也非常重要，可以说蜡笺是宫廷瓷器（官窑）的衍生品，纯天然矿物质颜料的魅力造就了18岁王希孟的《千里江山图》，也造就了锦龙堂蜡笺。每一种颜色都源于宋、元、明、清瓷器。汝窑的天青色，宋瓷的粉紫色、青花瓷的蓝色，鸡缸杯上的成化斗彩，雍正的菊瓣盘都是师父调色的灵感源泉。正是这样的启发下，我作为非遗唐果子的传习者和蜡笺技艺的学徒，开始尝试打造非遗综合体，整合、开

蜡笺与糖果子礼盒

橙黄橘糖果子

梦蓝唐果子

发非遗文创产品。

用蜡笺写贴条和题签，富贵大气，彰显出宫廷果汁和糕点的气质。我从锦龙堂蜡笺的颜色中提取灵感，做出了各种颜色、造型各异的唐果子。例如“荷花唐果子”的粉色，取自锦龙堂洒金蜡笺的粉笺，色泽粉而不腻，粉里透红，令人食指大动；“梦蓝唐果子”的取色则是从九龙蜡笺上得到的灵感；“橙黄橘唐果子”是从锦龙堂的粉橙色蜡笺中得到了艳而不俗的橙黄色。

师父教我洒金，还点拨我在唐果子上也可以洒金，运用娴熟的蜡笺洒金技术，我使用金粉，用洒金的手势给唐果子的“花蕊”“点金”，起到了画龙点睛的作用。锦龙堂海派蜡笺的制作过程中，要用各种排笔、棕把等工具把纸刷平整，让颜色上得均匀，这也让我深受启发，在制作唐果子面皮的过程中，参照各种锦龙堂蜡笺的色号，用纯天然的蔬果汁调和融入芸豆面，与芸豆面的颜色融为一体，这和蜡笺上色有着异曲同工之妙。正是在师父的教导和引导下，我用非遗手法让唐果子的颜色有了精

荷花唐果子

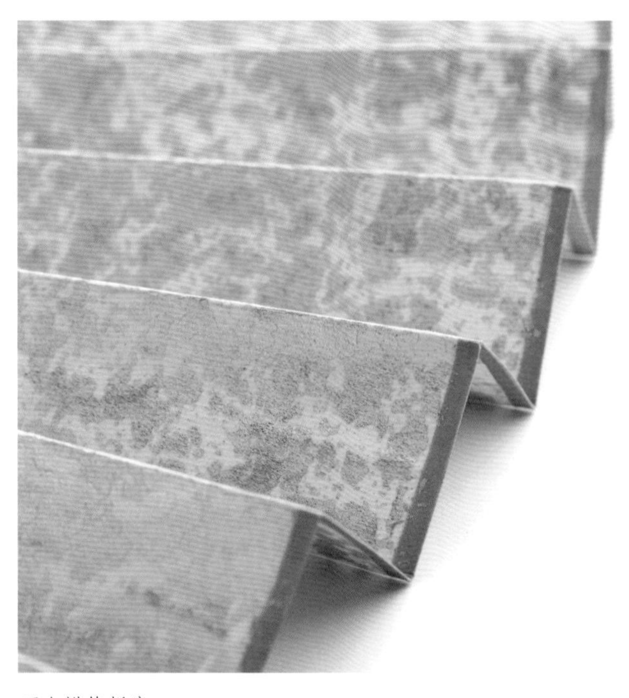

洒金蜡笺折扇

致、耐看、可赏可品的宫廷气质。现在唐果子的配色技术也成了我最大的“秘密”和“法宝”。总结下来，淡而不艳、艳而不俗、清新脱俗、色调明亮是唐果子的颜色品控的核心。使用锦龙堂蜡笺题签，墨色入纸，温润丝滑，笔墨和纸产生了“天人合一”的效果。带着对非遗传承的敬畏心，我用一笔一画写下了锦龙堂蜡笺的文创故事。唐果子的牛皮纸包装袋上、唐果子礼盒装上，我都会用到锦龙堂蜡笺，尽显高贵精致的典雅气质。

锦龙堂海派蜡笺可做成扇面、书签和NFT数字艺术、唐果子包装等。在未来已来的元宇宙世界，锦龙堂蜡笺也可以化身成为数字艺术产品。非遗传承的路子可以越走越广，而不是让大众越来越陌生。如何符合青年人的口味和时代的发展，是值得我们思考和回味的。“古不乖时，今不同弊”才是非遗传承和保护的核心！我们“85后”新一代非遗传习人在继承传统的同时不能违背时代的精神，在现在创新的过程中又不能盲目跟风、犯下同龄人的常见弊病。习总书记提倡“文化兴国，文化强国”，未来我们的非遗将是文化输出，是大国自信，更加是“一带一路”中的纽带，越民族的也是越世界的，艺术无国界，非遗传文化，路漫漫其修远兮，吾将上下而求索！

（2022年10月20日）

人间爱古意

——蜡笺中的古雅气息

| 鹿鸣

2015年起，锦龙堂与淘宝平台“青云笔社”联合推出线上产品，为此专门定制了一批仿古蜡笺纸。青云笔社也专门在公众号“青云文玩”发布了数篇关于蜡笺技艺的专题文章。特此转载一篇，共切磋、共学习。

经典仿古色蜡笺皮纸

2017年的秋天，根据一张云龙金银手绘皮纸蜡笺的颜色，我们定制了一批仿古色的蜡笺，转眼一年就过去了，这款蜡笺总算可以呈到你们的面前。这批颜色用了宣纸和皮纸各做了一些，皮纸的纤维质感会相对粗犷一点，这

仿古色蜡笺皮纸

批皮纸是特制的，也是一款已经绝版的纸胚，在绘画和书写方面都有很大的运用价值。宣纸款同样采用特定的宣纸纸胚，至少陈三年以上，使火气褪下，做出来的蜡笺才会温和柔韧。蜡笺的颜色是用天然矿植物熬制的颜料一道又一道刷出来的，所以颜色很稳重，我们这一次也推出了无洒金版，相信它的书画效果也能让大家感到满意。

仿古色是中国传统书画中的主流色调，但在厚重的蜡笺中实现是不容易的。之所以会历经一年出品，是因为其中历经了一次失败，和半年时间的沉淀。

现在，它真的是古意盎然。

雪青色蜡笺纸

纯植物染料的纸张与化学色截然相反的是：不畏惧岁月的洗礼，甚至会随着时间的推移而日益沉稳。这个雪青色是仓库旧藏，制作年份大概是2013-2015年，后来想再次翻制，却是做不出了，时间的沉淀是一个原因，天然色的偶然性也决定了颜色的不可复制性。

雪青色蜡笺纸

蜡笺里的马卡龙

第一眼看过去，这种清新自然的颜色是不是很像西点马卡龙呢？安全的食物色素基本都是在纯天然的动植物中提取的，我们称之为天然色素，譬如胭脂虫、红曲、栀子、姜黄……天然色素制作的事物颜色不会很鲜艳，看起来是令人舒服的、是有食欲的，大概也是因为色素本来就源自于动植物。当天然矿植物色用到我们的纸上，除了视觉上让人愉悦之外，颜色的稳定性良好，它随着岁月会有一个沉淀的过程，而且颜料对纸的性能没有伤害，特殊的物质还起到防虫防蛀的作用，使作品的保存时间更长。

（2018年10月19日《青云文玩》）

马卡龙色洒金蜡笺

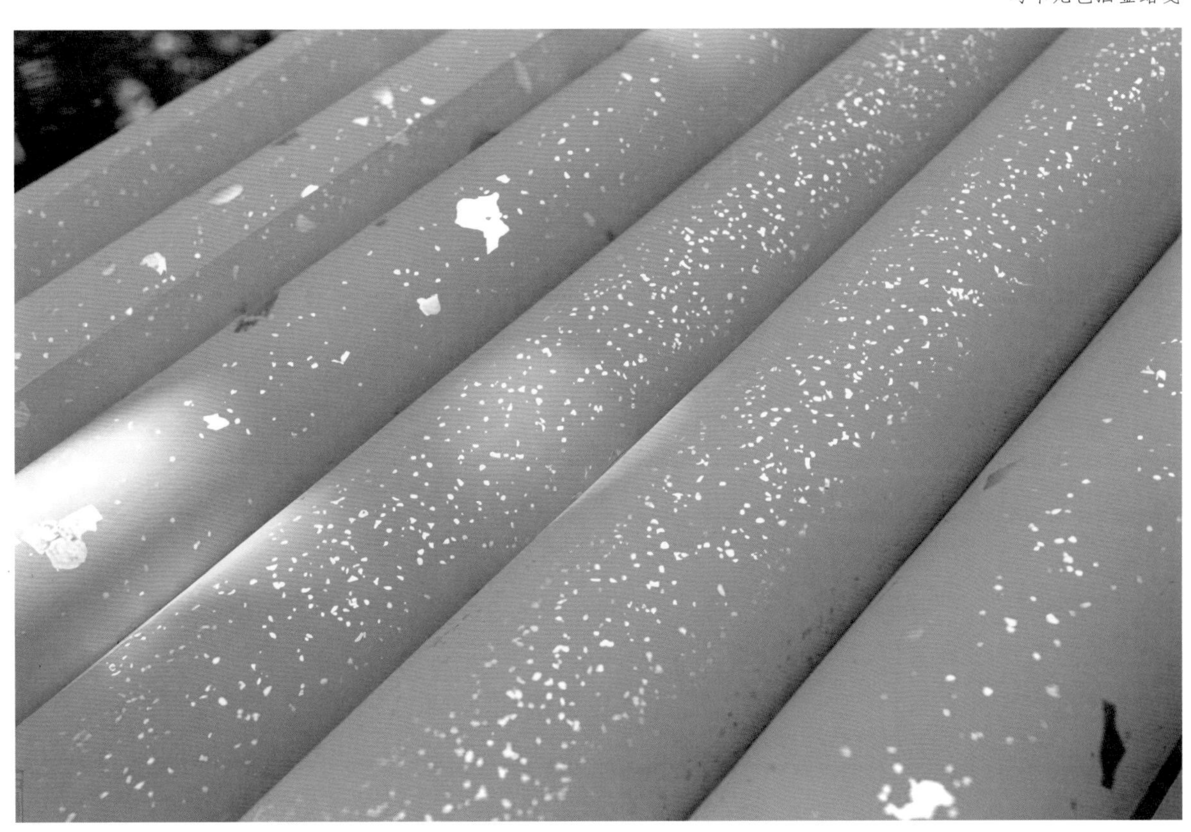

参考书目及论文

1. 王菊华等:《中国古代造纸工程技术史》,山西教育出版社,2005年。
2. 田洪生:《纸鉴:中国古代书画、文献用纸鉴赏》,山西古籍出版社,2004年。
3. 刘仁庆:《中国书画纸》,中国水利水电出版社,2007年。
4. 潘吉星:《中国造纸史》,上海人民出版社,2009年。
5. 邹涛:《书斋雅物——笔墨纸砚》,上海书画出版社,2016年。
6. 侯吉谅:《笔墨纸砚帖》,山东人民出版社,2016年。
7. 【宋】苏易简撰,王刚编著:《文房四谱》,江苏凤凰文艺出版社,2017年。
8. 席小丽:《文房四宝——笔墨纸砚里的雅事》,五洲传播出版社,2021年。
9. 郭浩,李健明:《中国传统色:故宫里的色彩美学》,中信出版社,2020年。
10. 【明】张应文:《清秘藏》,《文渊阁四库全书》第872册,台湾商务印书馆,1986年。
11. 【北魏】贾思勰撰,缪启愉校释:《齐民要术校释》,中国农业出版社,1998年。
12. 【东汉】刘珍等撰,吴树平校注:《东观汉记校注》,中州古籍出版社,1987年。
13. 【宋】张世南、李心传:《游宦纪闻·旧闻证误》,中华书局,1981年。
14. 【清】吴振棫:《养吉斋丛录》,北京古籍出版社,1983年。
15. 乐进、廖志豪:《苏州市瑞光寺塔发现一批五代、北宋文物》,载《文物》,1979年第11期。
16. 姚世英:《谈瑞光寺塔的刻本<妙法莲华经>》,载《文物》,1979年第11期。
17. 戴家璋等,《中国造纸技术简史》,中国轻工业出版社,1994年。
18. 刘仁庆:《纸梦缘如是》,知识产权出版社,2017年。
19. 杨休:《中国书画鉴定纲要》,南京大学出版社,2020年。
20. 赵焰:《宣纸之美》,安徽文艺出版社,2021年。
21. 刘仁庆:《简明中国手工纸(书画纸)及书画常识辞典》,中国轻工业出版社,2008年。
22. 张淑芬:《文房四宝·纸砚》,上海科学技术出版社,2005年。
23. 南京博物院:《纸载千秋》,译林出版社,2016年。
24. 【唐】张彦远撰,俞剑华注释:《历代名画记》,上海人民美术出版社,1964年。
25. 【宋】米芾:《画史》,中华书局,1985年。
26. 【明】周嘉胄撰,尚莲霞编著:《装潢志》,中华书局,2012年。
27. 【清】吴其贞撰,邵彦校点:《书画记》,辽宁教育出版社,2000年。

后记

早在辛丑年溽暑之时，我就想用文字为父亲俞存荣的海派书画蜡笺技艺记录一些历史和故事。写书这件事儿缘起于上海市非物质文化遗产保护协会的保护项目系列丛书排上了计划，作为保护单位之一，有义务将这一技艺的历史沿革、工艺流程、创新发展做一个梳理。借着这个机会，我和父亲就有了出一本书的念想。

父亲是“老三届”，67届初中毕业。他们一代人经历了反右、大跃进、三年经济困难时期、中苏论战和文化大革命。这是共和国历史上发展与挫折并存、光明与黑暗并存、进步与专制并存的特殊时期，他们是真正身处中国社会矛盾突出、党内斗争异常的历史阶段，是经历了阶级斗争暴风骤雨年代的一群人。

父亲的青壮年时期，为了响应国家号召，上山下乡插队到江西龙虎山附近。上世纪七十年代回沪后又遇到工厂改制，八十年代中期，父亲顺应改革开放的时代洪流，像许多青年人一样东渡日本创业，一待就是六年。去日本前，父亲跟着书画修复装裱大师钱少卿师傅学习书画装裱。这门手艺全因是他自己的兴趣爱好，学了没几年，就掌握了精髓，通过多年的学习临摹，他的书画造诣也培养得有模有样。钱师傅认为他的学习悟性很高，非常喜欢他，因为没有子女，父亲差点就被钱师傅带去北京故宫修古画去了。后来，因为钱师傅身体不好，赴京之约没有成行。日本留学的六年，父亲就是靠着卖自己的书画、装裱、修画赚到了第一桶金，也因为中国传统文化结缘了不少日本文化界的朋友。

九十年代，父亲回国后，就一头扎进了书画纸加工的事业。在我的印象里，父亲不常在家，话也不多，他总是在工作室忙忙碌碌，与宣纸、颜料打交道。他对我也没有太多的要求，认为母亲把我教育得不错，从来不会在学习成绩上苛求我。小时候我胆子不大，总是躲在父母身后，唯独这一点父亲很有意见，他鼓励我自己的问题自己处理，也总会带我见识许多人和事。小时候我对传统文化不是很感兴趣，父亲就让我给他打下手，每次举办蜡笺纸试笔会时，就让我接待海派书画界的老前辈们。当时经常会遇到高式熊、王康乐、杜宣、韩天衡、张森、车鹏飞、刘一闻等海派书画大师们，他们在蜡笺纸上书写、绘画，父亲就让我在边上看着。他们会谈自己的书写感受，有些还专门根据自己的喜好，希望父亲为他们定制书画纸。渐渐的，我开始喜欢上这五颜六色的华纸印章，也开始跟着父亲一起学习蜡笺制作技艺，徜徉在“纸醉金迷”的书画蜡笺之中。

一直到2017年，仿佛是水到渠成，多个机缘巧合之下，书画蜡笺技艺被传统文化的保护单位关注到了。我全身心参与了蜡笺技艺申请市级非遗项目、传承人的全过程。在此，我代表父亲特别感谢上海市非物质文化遗产保护协会会长高春明先生、秘书长曾红女士，协会作为保护指导单位，给予了我们极大的助力，包括各类非遗蜡笺技艺的推广宣传、展览销售，以及《书画蜡笺》这本书在上海辞书出版社的顺利出版。

今年，因为新冠肺炎疫情的原因，我有两个月的时间居家办公，这反而使我静下心，有时间张罗起这本书来。正巧我在研读中国社科院人文高级课程，结识了不少志同道合的师长、同学，在人文历史、哲学政治的课程学习中，有机会将中国文史融会贯通，重新审视蜡笺这一传统技艺。就如我的学术班主任栾贵川教授喜欢的一句话——“修身，治家，齐国，平天下”——修身是个人成长过程中永远在路上的修炼。每个阶段的阅读、学习是一个输入的过程，要化为己有，再输出成文字，就需要更大量的阅读、思考、实践和总结。《书画蜡笺》是我和父亲共同执笔的第一本书，起笔时自信满满，自认为对父亲的故事、蜡笺技艺的历史、制作流程了然于心，到后来坠入迷茫与无所适从，然后就硬着头皮写下去。这个过程有些煎熬，但是也使我再次收获了对中国传统文化，特别是非遗蜡笺技艺的重新认知。同时也感谢所有朋友的关心和帮助，谨以这篇小文献给你们。

写作末期，正值党的二十大胜利召开，报告58次提到了“文化”，“推进文化自信自强，铸就社会主义文化新辉煌”是今后一段时期文化工作的纲领性指南，中华优秀传统文化正以多种方式频频“出圈”。作为非物质文化遗产的保护方、传承人，将传统技艺的理论和实践记录下来，是传播推广的第一步。时隔百年、甚至千年，非遗蜡笺技艺是老祖宗留给我们的宝贵馈赠，更是我们传承给后人的一份珍贵礼物。它承载的是中华文化的过去、当下和未来。我们身处当下，也即将成为历史，如果能把先辈的馈赠完整地交给未来，讲好过去、当下的故事，何等重要和高尚!

《书画蜡笺》这本书还是以图为主，我们希望直观地展示出蜡笺技艺的细节和精致之处。除了锦龙堂自身收藏的与蜡笺技艺有关联的艺术品之外，特别感谢一群对中国传统文化心存寄托的老前辈们。原上海博物馆馆长陈燮君、原上海书协副主席刘小晴多年来一直关心着蜡笺技艺的传承推广，分别书写“深山问道”“锦龙堂记”，记载下非遗海派蜡笺的历史；文物鉴定专家蔡国声老师听闻此事，更是拿出了珍藏多年的清代乾隆仿澄心堂纸，亲自送于锦龙堂；海派书画界的童衍方、车鹏飞等前辈也再次专门为此书留下墨宝；军旅书画家张济海先生更是挥毫“厚德载物”，将永久性镌刻于北京长城居庸关口的这四个大字书写于云龙蜡笺之上……书中作品甚多，朋友的情谊不分轻重，不能一一忝列，但感恩之情不分伯仲。本书出版，使我和父亲深深感到“君子之交淡如水”“四海皆兄弟，谁为行路人”的真谛，短短半年时间，近百幅作品见证了一大批寄情中国传统文化的文人雅士，对中华民族文化的热爱与自信。

书稿写作过程中，我借鉴了一些学者的研究成果，主要参考文献和期刊论文已经在书后列出，如有疏漏之处，敬请谅解。在此期间，书稿由多位教授、编辑、老师过目，修改意见惠我良多，弥足珍贵，感激不尽；同时，也非常感谢许多文化人、媒体人：松荫艺术，上博的赵荣毅老师，徐汇区书画协会副会长余英皓老师，长宁区书协副主席黄淳老师，市青年书协副秘书长顾晨洁老师，市书协会员彭磊老师，“九度有神”的何轶老师，澎湃新闻艺术专栏的陆林汉老师，《新民晚报》的徐翌晟、朱渊老师，《上海侨报》的老朋友王树良老师，以及爱好书画的许多亲朋好友，和这次出版负责图录拍摄的上海“公字号制片所”（Gfoto Production）。大家给予了本书极大的帮助和提携。

同样，我的家人，特别是母亲、先生、孩子都给予了我和父亲全方位的支持，是我们最坚强的后盾和最强大的寄托，在此一并鞠躬致谢！

父亲的古稀之年，我的不惑之年，我们父女两人共同付出心血做好一件事的机会其实不多，人的一生中做一点自己喜欢的事，无外乎是机缘和付出，于我们而言，希望这本书只是一个开端，或许等待我们的是笑骂评说，当然全盘接受，但我们觉得海派蜡笺技艺也只是中华传统文化的一个角度，博大精深的传统文化需要一群人、甚至几代人的经营和传承。“终一生做一事”是我从父亲身上体会到的匠人传承精神，“萤窗小语、坐对古人”是我当下追求的人生状态。今后如有机会，我还会不断充实自己，在此书的基础上继续完善和提升，“不畏浮云遮望眼，吹尽黄沙始见金”，定竭尽所能，不辜负关心海派蜡笺技艺的朋友们。

壬寅初冬，天高气爽，记于韵昕阁。

俞灵麟

二〇二二年十一月二日

图书在版编目(CIP)数据

书画蜡笺 / 上海市非物质文化遗产保护协会编；高春明主编；俞存荣，俞灵麟著. —上海：上海辞书出版社，2023
(上海市非物质文化遗产系列图录)
ISBN 978-7-5326-6064-3

Ⅰ.①书… Ⅱ.①上… ②高… ③俞… ④俞… Ⅲ.①书画艺术-美术纸-传统工艺-中国 Ⅳ.①TS761.1

中国国家版本馆 CIP 数据核字(2023)第 083649 号

书画蜡笺

上海市非物质文化遗产保护协会　编
高春明　主编
俞存荣　俞灵麟　著

责任编辑　祝云赛
装帧设计　王铁瓴
责任印制　楼微雯

出版发行　上海世纪出版集团
上海辞书出版社®(www.cishu.com.cn)
地　　址　上海市闵行区号景路 159 弄 B 座(邮政编码：201101)
印　　刷　上海雅昌艺术印刷有限公司
开　　本　890 毫米×1240 毫米　1/16
印　　张　18.75
字　　数　250 000
版　　次　2023 年 8 月第 1 版　2023 年 8 月第 1 次印刷
书　　号　ISBN 978-7-5326-6064-3/T·206
定　　价　298.00 元

本书如有质量问题，请与承印厂联系。电话：021-31069579